# Hosta

**Funkie**

Sandra Bond

# Hosta

*Funkie*

Dekoratives
Blattwerk
für Gärten
und Sträuße

Thalacker

Titel der Originalausgabe
'Hostas'

First published in the U. K. by Ward Lock,
an imprint of Cassel plc, London
Übersetzung aus dem Englischen
von Dr. Ullrich Fischer, Braunschweig

Die Deutsche Bibliothek – CIP-Einheitsaufnahme

**Bond, Sandra:**
Hosta, Funkie: mit Blattpflanzen Stil und Atmosphäre in den Garten bringen; dekorativ zu jeder Jahreszeit; viele Ideen für Gruppenpflanzung; praktischer Rat für Anzucht und Pflege/ Sandra Bond. – Braunschweig: Thalacker, 1993
Einheitssacht.: Hostas <dt.>
ISBN 3-87815-054-7


1. Auflage



Umschlaggestaltung: Hansgeorg Barkowsky
Satz: Fotosatz Goebecke, Sickte
Druck: Graficas Unidas, Madrid

Titelbild:
**Die Hosta-Sorte *'Wide Brim'*
aufgenommen in Longwood Gardens
(Pennsylvania/USA)**

# INHALT

# Vorwort

Vor zwanzig Jahren lag die Anzahl der in Gärtnereien erhältlichen Hosta-Arten und -Sorten unter zehn, heute gibt es mehr als eintausend registrierte Sorten. Obwohl von diesen ein großer Teil nur aus Spezialgärtnereien bezogen werden kann, findet eine stetig steigende Zahl von Hosta-Sorten den Weg in die Gärten.

Dieses Buch hat keineswegs das Ziel, alle erhältlichen Hosta aufzulisten. Es soll vielmehr die Bedeutung dieser Gattung für die Gartengestaltung aufzeigen. Ich habe versucht, eine breite Palette von Gartensituationen darzustellen, in denen Hosta eine wichtige Rolle spielen und sowohl den Gärtner, der Hosta zum ersten Mal pflanzt, als auch den Liebhaber, der nach neueren Sorten Ausschau hält, ansprechen sollen.

Hosta lassen sich durch ihr auffälliges Blattwerk leicht mit anderen Pflanzen vergesellschaften. Sie sind in den heutigen, kleineren Gärten eine willkommene Bereicherung für die meisten gemischten Pflanzungen. Sie gedeihen gut im Schatten von Bäumen und Sträuchern, wobei sie das absterbende Laub der im Frühjahr blühenden Blumenzwiebeln verdecken. Blattpflanzen halten viel länger als Blüten. Ein nur aus Blattwerk bestehender Garten kann jedoch zu statisch wirken. Es ist das Wechselspiel aus Blattwerk und Blüten, das einen Garten zu einem besonderen, individuellen Platz machen kann. Für Hosta ist vorteilhaft, daß sie Blattpflanzen sind, die auch blühen. Eine Massenanpflanzung von Hosta kann außerdem herrlich aussehen. Sie steigern aber auch die Wirkung einer großen Anzahl anderer Pflanzen und werden ihrerseits durch gegensätzliches Blattwerk, wie z. B. von Farnen, hervorgehoben.

Wie alle anderen Pflanzen sollte man Hosta nach den Bedingungen von Klima und Boden aussuchen. Die Verwendung von für bestimmte Situationen geeigneten Pflanzen ist viel besser, als sich unter ungünstigen Bedingungen mit einer nicht passenden Pflanze abzumühen. In vielen Fällen lassen sich Hosta in Gefäßen ziehen, wo man ihre Bedürfnisse stärker kontrollieren kann. Sie sind ausgezeichnete Pflanzen mit einer architektonischen Wirkung, wenn man sie im Topf oder Kübel auf schattigen Plätzen aufstellt. Ich ziehe hunderte von Hosta-Pflanzen in Töpfen als Ausstellungsexemplare. Viele Floristen, die frische Blätter benötigen, haben die Topfkultur ebenfalls als eine sehr befriedigende Methode entdeckt. Ich habe daher versucht, über die Kultivierung und die Probleme, die sowohl bei Kultur in Töpfen als auch im Garten auftreten können, zu berichten.

Die botanische Namensgebung wird nur soweit behandelt, daß der Leser erfährt, daß es immer noch zu Namensänderungen kommen wird. Diese werden solange auftreten, wie die Gattung Hosta in immer stärkerem Maße bearbeitet wird und man dabei feststellt, daß Pflanzen in der Vergangenheit nomenklatorisch falsch zugeordnet und bestimmt wurden.

Ich versuche in diesem Buch, Antworten auf die vielen mir gestellten Fragen zu geben und aus einer breiten Palette von Hosta-Sorten Vorschläge für Pflanzengemeinschaften zu liefern. Das Buch soll ein Leitfaden für die Gestaltungsmöglichkeiten mit Hosta sein. Die wirkungsvollste Gestaltung schließt auch Überraschungseffekte ein. Dabei steht die Persönlichkeit des Gartengestalters über der Begrenztheit des Gartenplatzes.

Ich hoffe, daß das Interesse für Hosta weiter ansteigen wird und diese Ausführungen in der Entscheidung helfen werden, welche Sorten ausgewählt und an welcher Stelle im Garten sie untergebracht werden können.

S. B.

**Bild auf Seite 6:**
***H.*** **'Silver Lance', sie ist mit *Aruncus aethusifolius* und Farnen unterpflanzt und wiederholt die weiße Panaschierung von *Acer negundo* 'Flamingo'.**

# KAPITEL 1

# Blattwerk in der Gestaltung

Blattschmuckpflanzen nehmen als Gestaltungselement im Garten einen bedeutenden Platz ein. Sie sind bestimmend und können als Rahmen für Pflanzen mit weniger ausgeprägter Form dienen. Blattwerk tritt in vielen Formen und Größen auf, es kann immergrün und einziehend sein, und es stellt die Wechselbeziehungen zwischen Ähnlichkeiten und Unterschieden her, aus denen eine eindrucksvolle Gestaltung besteht.

Ein ausschließlich immergrüner Garten kann sehr starr, ziemlich langweilig und ohne Überraschungen erscheinen, wogegen ein Garten ohne immergrüne Pflanzen seines winterlichen „Skeletts" beraubt ist. Daher sollte das Gestaltungsziel auf Ausgleich und Harmonie ausgerichtet sein. Insgesamt beeinflussen Form, Größe und Farbe der Blätter die Gestaltung. Gegensätzliche und übereinstimmende Blattformen spielen dabei eine Rolle – ein großes rundes Blatt wird mit einem kleinen runden Blatt unterpflanzt, ein glattes in Kontrast zu einem gewellten Blatt gesetzt. Sehr große glatte Blätter ziehen das Auge auf sich und wirken als Abschluß eines Beetes. Sie können das Gartenbild abrunden (obwohl sehr große gefiederte Blätter in der Verwendung viel größere Sorgfalt benötigen und nicht übermäßig verwendet werden sollten).

Ein Bambus, der turmhoch eine Gruppe von Hostas überragt, bringt nicht nur einen Gegensatz in Größe und Form, sondern auch in der Blattdichte. Er erscheint zart und graziös und betont hervorragend die Dichte der Hosta. Vertikale Pflanzen sind ein vitales Element in der Gestaltung eines Gartens. Zu viele davon angepflanzt, und der Effekt kann erdrückend wirken, nicht genügende Mengen, und die Anpflanzung sieht flach und uninteressant aus. Akzente auf einer flachen Bodenebene lassen sich mit Iris, Taglilien, Gräsern oder Salomonssiegeln erzielen, und solche auf einer höheren mit größeren Bambusarten, Gräsern wie *Miscanthus sinensis* 'Variegatus' und mit einigen Farnen.

Im idealen Plan sollten alle Pflanzen miteinander harmonisieren. In der realen Situation ist es besser, kleine Pflanzengruppen so anzuordnen, daß zu verschiedenen Jahreszeiten zufriedenstellende Kompositionen erzielt werden. Einschränkungen durch Boden, Klima und Lage müssen jedoch immer berücksichtigt werden. Langfristig werden die den jeweiligen Bedingungen entsprechenden Pflanzen die zufriedenstellendsten Gartenbilder ergeben. Hosta können in der Sonne wachsen. Sie werden dort aber mit wenigen Ausnahmen nicht ihr Bestes zeigen. Die Blätter entwickeln braune Ränder und ziehen frühzeitig ein. Da es so viele andere Pflanzen gibt, die sich unter trockenen, sonnigen Bedingungen wohlfühlen, warum soll man sich da mit Hosta anstrengen? Hosta sind Schattenpflanzen. Einige Sorten tolerieren mehr Sonne als andere, andere wiederum benötigen sogar mehr Sonnenlicht. Sie sind deswegen aber keine Sonnenliebhaber. Deshalb ist es günstig, ihre Einschränkung gegenüber Sonnenlicht zu akzeptieren und sie dementsprechend einzusetzen. Was oft als schwierige Situation angesehen wird, kann unter Verwendung des richtigen Pflanzenmaterials vorteilhaft ausgenutzt werden. Wenn Pflanzen nicht gut gedeihen wollen, genügen Blattwerk und Form nicht für die Verwendung in der jeweiligen Gartensituation. Falls die geforderten Bedingungen nicht erreicht werden können, ist es viel besser, diese Pflanzen in Gefäßen zu ziehen. Eine sehr große Menge an Pflanzenmaterial läßt sich so kultivieren. Eine gute Gestaltung geht Hand in Hand mit der Pflanzenkenntnis. Die Verbindung von künstlerischer Begabung und einem Verständnis der gärtnerischen Grundlagen kann Kompositionen von besonderer Schönheit ergeben. Man sollte stets bei der Planung und Anpflanzung daran denken, daß Pflanzenzusammenstellungen Zeit zum Auswachsen brauchen. Stauden und Gehölze erreichen dies gewöhnlich nicht in einer Wachstumsperiode.

## Hosta sind wichtige Blattzierpflanzen

Hosta bilden einen Ruhepunkt im Garten. Sie wirken als Abschluß in der Pflanzung, schaffen eine kühle Oase, und gehören zu den wichtigsten Blattschmuckstauden. Es gibt sehr große Unterschiede in Größe, Form und Färbung der Blätter. Obwohl sie auch Blütenpflanzen sind, ist es das Blattwerk der Hosta, welches das dominierende Gestaltungselement bildet. Hosta sind normalerweise einfach zu pflegende, langlebige Stauden, die sich mit vielen anderen Pflanzen kombinieren lassen. Da ihre Saison vom Frühling bis zum Herbst reicht, besteht die wirkungsvollste Verwendung in kleinen Gärten oft im Einbau in eine gemischte Pflanzung. Ein Gerüst von Bäumen und Sträuchern bietet die Voraussetzung für den lichten Schatten, in dem sich Hosta wohlfühlen. Bevor sich der Blattbaldachin entwickelt, können Zwiebelpflanzen in den ersten Monaten des Jahres Farbe geben. Einen Formenkontrast für die weitere Vegetationsperiode liefern Gräser, Farne und andere Stauden. Das ergibt einen über das ganze Jahr interessanten Garten.

Bestehender Schatten, wie der im Schlagschatten eines Gebäudes, ist ideal für schmale Beete (Borders) mit Blattpflanzen. Diese Beete müssen nicht leblos sein, da Blätter in vielen Formen und Farben zur Verfügung stehen. Die Variationsbreite des Hostablattes kann voll ausgenutzt werden, wobei die einfachen grünen, grauen, goldgelben und blauen Blätter genauso wichtig sind wie die panaschierten. Es besteht allerdings kein Zweifel, daß buntblättrige Hosta-Sorten viel häufiger in Gärten gepflanzt werden, ungeachtet der Tatsache, daß sich eine Ansammlung von bunten Blättern nur schwer mieinander erfolgreich kombinieren läßt. Bei guter Verwendung wirkt die Panaschierung der Pflanzen als ein Blickpunkt. Zum Beispiel kann eine überwiegend grüne, schattige Ecke mit Farnen durch die Beipflanzung einer grün-weißen Hosta wie *H.* 'Francee' lebendiger werden.

## Unterschiede in den Merkmalen von Hosta

Hosta treten in einem weiten Größenbereich auf. Es gibt sie als Miniaturpflanzen mit fünf Zentimeter Höhe bis zu turmhohen Blattbüschen von 1,2 Meter. Die winzigen Hosta üben jedoch nicht den Einfluß auf die Gestaltung wie ihre größeren Geschwister aus. Einige Blattbüsche haben einen ausladenden Wuchs, während andere aufrecht wachsen. Dies ist ein weiterer Aspekt, den man ausnutzen sollte. Z. B. hat *H.* 'Krossa Regal' einen vasenförmigen Aufbau und läßt sich als Akzentpflanze zwischen niedrigere Pflanzen stellen. Eine kleinere Sorte wie *H.* 'Ginko Craig' sieht dagegen viel besser aus, wenn man sie als Einfassung in größerer Anzahl pflanzt.

Die Blätter treten in vier Grundformen auf: rund, lanzettlich, herzförmig und dreieckig. Einige Blätter sind hauchdünn, während andere eine dicke Beschaffenheit besitzen. Einige haben flache, andere gewellte Ränder. Das Blatt kann gewölbt, gedreht, gerunzelt (gehämmert), gekräuselt oder flach sein und eine sehr unterschiedliche Oberfläche aufweisen: matt, glänzend, lederig oder bereift; und so zeigt jede Blattoberfläche beim Lichteinfall einen unterschiedlichen Effekt.

Wenn alle diese Variablen zusammen mit den vielen Kombinationen von Blattfärbung (blau, cremefarben, gold, grün, grau und weiß) und Größe in Betracht gezogen werden, überrascht es nicht, daß heute eine sehr große Vielfalt an Hosta-Sorten erhältlich ist.

Hosta sind vorwiegend Blattschmuckpflanzen. Sie blühen auch, wobei ihre eleganten Blütentrauben in der zweiten Hälfte des Sommers erscheinen. Die Blüten haben eine weiße bis dunkelviolette Farbe und einige Sorten besitzen einen wundervollen Duft. Eine der neueren Sorten, *H.* 'So Sweet', hat weiße, wundervoll duftende Blüten im Spätsommer über einem grünen, creme-gerandeten Blattbusch. Sie wurde wie alle duftenden Hosta-Sorten aus *H. plantaginea* entwickelt. Eines der derzeitigen Zuchtziele geht dahin, das Angebot an Hosta-Sorten mit duftenden Blüten zu vergrößern.

Gärtner können die Vielfalt der Hostapflanzen für viele unterschiedliche Gestaltungsansätze ausnutzen. Es muß aber daran erinnert werden, daß die unentwickelte Hosta-Pflanze oft wenig Ähnlichkeit mit der ausgewachsenen besitzt. Das Blatt ist schmaler, die Färbung ist nicht vollständig entwickelt und die Panaschierung weniger ausgeprägt. Man sollte die Pflanzen für die ersten drei bis vier Jahre in Ruhe lassen, damit sie wachsen und ausreifen. Ständige Teilung bedeutet, daß sich das vollentwickelte Blatt niemals richtig ausbilden kann.

# KAPITEL 2

# Hosta als Gartenpflanzen

An ihrem natürlichen Standort wachsen die Hosta-Arten nicht im tiefen Schatten, sondern an den Rändern von Wäldern, die im Herbst ihr Laub abwerfen, auf anstehendem Fels und sogar auf freien feuchten Wiesenflächen. Sie sind teilweise im Bewuchs verborgen und benötigen etwas Sonne, um zu blühen und Samen anzusetzen. Sie werden dort nicht als Blattpflanzen gebraucht, so daß ihr Erscheinungsbild nicht wichtig ist. Gärtner, die Hosta als Blattschmuckstauden ziehen, möchten die Blätter gern in ganz frischem Zustand halten. Idealbedingungen für die meisten Hosta sind gefiltertes Sonnenlicht, sowie hinreichende Feuchtigkeit und Düngung. Volle Sonne und einen trockenen Wurzelballen vertragen alle Hosta-Pflanzen nicht. Grüne und goldene Hosta-Sorten können mehr Sonne aushalten, solange die Wurzeln nicht zu trocken stehen. Blaue Sorten behalten ihre Färbung aber viel länger in tieferem Schatten. Sie haben einen wachsartigen Überzug entwickelt, um das Blatt gegen die Frühjahrssonne zu schützen, bevor sich das Blätterdach der Gehölze bildet. Diese Wachsschicht verschwindet, wenn sie nicht länger benötigt wird. Wenn man diese Hosta aber im Schatten von Bäumen und Sträuchern kultiviert, bleibt die Blaufärbung für den größten Teil des Sommers erhalten. Das ist die Ursache, warum blaue Hosta im Schatten so viel blauer aussehen.

Einige Hosta-Sorten lassen sich im trockenen Schatten unter der Bedingung ziehen, daß sie eingewachsen sind, idealerweise gemulcht werden und von Natur aus starkwüchsig sind. Je geringer der Schatten, desto wichtiger ist ein ausreichender Feuchtegehalt des Bodens. Die Pflanzen werden nicht üppig aussehen, aber einige Sorten werden da noch überraschend gut wachsen, wo andere Pflanzen nicht mehr gedeihen. Unter sehr kühlen Klimabedingungen, wo die Temperaturen selten hoch sind und die Sonne nur schwach scheint, können viele Hosta in offener Lage gezogen werden. Voraussetzung dafür ist eine entsprechende Bodenfeuchtigkeit. Einige sehr dickblättrige Hosta wie *H.* 'Sum and Substance' können volle Sonne aushalten. Dies sind aber Ausnahmen. Wenn man im Zweifel ist, dann sollte man Hosta in den Schatten pflanzen.

Oft besitzt der Garten ein spezielles Mikroklima. Eine große Strauchrose wird z.B. unter ihrem Busch einen halbschattigen, kühleren Platz erzeugen, obwohl sie selbst in der vollen Sonne steht. Hosta können diese Situation bestens ausnutzen. *H.* 'Halcyon' läßt sich wundervoll mit altmodischen rosa und weißen Strauchrosen zusammenpflanzen. Unter den Blättern der Rosen steht diese Hosta-Sorte relativ im Schatten. Solange die Sonne im Spätfrühling nicht ungewöhnlich stark scheint, gedeiht *H.* 'Halcyon' ziemlich freudig in mehr Sonne, bis sich das Blätterdach der Rosen geschlossen hat.

Auf Grund ihrer vielseitigen Verwendbarkeit ist die Hosta heutzutage zu einer der wichtigsten Blattschmuckstauden geworden.

Hosta können vielseitig im Garten eingesetzt werden: in speziellen Hostabeeten, in schattigen Ecken, am Rande von Teichen, als Bodendecker, auf Alpinenbeeten und in Gefäßen. Sie lassen sich mit ihresgleichen oder in Verbindung mit einer großen Auswahl anderer Pflanzen verwenden, die die gleichen Bedingungen benötigen.

## Staudenrabatten mit Hosta

Ernsthafte Hosta-Liebhaber legen sich eine Hosta-Rabatte (Hosta-Border) an. Es gibt eine so große Variationsbreite zwischen den einzelnen Hosta-Sorten, daß diese zusammmengepflanzt werden können und dabei einmal im Gegensatz zueinander stehen und sich andererseits ergänzen. Persönlich bevorzuge ich einen Hintergrund aus Bäumen und Sträuchern sowie den maßvollen Einsatz anderer Blatt- und Blütenstauden, um die kühle

**Bild auf Seite 11:**
**Goldene und grüne Töne: *H.* 'Geisha' zusammen mit den überhängenden Blattschöpfen von *Hakonechloa macra* 'Aureola'; die Goldtöne werden von *Lysimachia nummularia* 'Aurea' aufgenommen.**

Wirkung der Hosta zu erhalten und größere Kontraste in den Formen zu erreichen.

Der angebotene Schatten soll eher schwach als dicht sein, damit einiges Licht durchdringt. Die konkurrierenden Wurzeln anderer Pflanzen dürfen außerdem nicht so stark sein, daß sie die ganze Feuchtigkeit und die Nährstoffe aus dem Boden holen. Solche brauchbaren Bedingungen bestehen in einem lichten Wald mit laubabwerfenden Gehölzen. Hier können sehr gut Staudenrabatten mit Hosta-Einfassungen angelegt werden. Ein schmales Beet im Schatten vor einer Hauswand oder Gartenmauer gibt einen ebenso idealen Standort ab, vorausgesetzt, es ist nicht zu trocken. Falls man Hosta an eine exponierte Stelle im Garten pflanzen will, ist es günstiger, sie mit Vorsicht zu verwenden, da sie hauptsächlich Sommerpflanzen sind. Es ist möglich, schattenliebende Blumenzwiebeln als Unterpflanzung zu verwenden. Dabei soll daran erinnert werden, daß Hosta eine reiche Ernährung lieben, die z. B. nicht für Schneeglöckchen geeignet ist.

Wenn Hosta-Enthusiasten zu richtigen Sammlern werden, gehen sie gern auf die Notwendigkeit ein, nahezu ideale Verhältnisse zu schaffen, und errichten dafür künstliche Schattiereinrichtungen. Dieses Ziel läßt sich ohne Sorge um konkurrierende Baumwurzeln und Wetterschwankungen erreichen. Interessant kann z. B. ein speziell errichteter Tunnel oder eine Pergola mit lichtdurchlässigen, aber dicht nebeneinander gesetzten Segmenten sein, um gefiltertes Licht zu geben. In den USA verwendet man dazu häufig Holzlatten, besonders in den Schauanlagen von Gärtnereien. Diese Latten lassen sich zu hübschen Gartenbauwerken verarbeiten. Kommerzielle Züchter benutzen gewöhnlich Tunnel mit Plastiknetzen, die etwa 50% Schatten ergeben und viel billiger sind. Sie schaffen genügend Schatten, damit weißgerandete Hosta-Sorten nicht verbrennen. Künstlicher Sonnenschutz bringt andere Vorteile wie Windschutz. Wind kann Blätter genauso wie Sonne verbrennen. Außerdem verursachen Spätfröste in Schattenpartien nicht so viel Schaden.

Die Kulturbedingungen lassen sich viel einfacher optimieren, wenn man Hosta-Pflanzen in enger Benachbarung zieht. Vliesbahnen können dann bei Auftreten von Frostnächten im Spätfrühling über die Anpflanzungen gerollt werden, da die gerade erscheinenden Triebe sehr empfindlich sind.

Wenn eine große Zahl von Hosta-Sorten zusammen kultiviert wird, muß man große Sorgfalt beim Nebeneinanderstellen der verschiedenen Sorten ausüben. Ausführlicher wird die wirkungsvollste Verwendung von Hosta, nämlich über die Blattfärbung, im nächsten Kapitel besprochen. Die zufriedenstellendste Gruppierung besteht darin, die goldenen und grün-gold panaschierten Formen an das eine Ende einer Rabatte zu stellen, die weiß panaschierten an das andere und die blauen und grünen dazwischen zu pflanzen. Bei den blauen Sorten können Akzente durch *H.* 'Frances Williams' gesetzt werden, einer blauen mit beige-gelbem Rand, oder durch *H. tokudama* 'Aureo-nebulosa', die ein bläuliches Blatt mit einer wolkigen gelben Mitte besitzt. *H.* 'Bright Lights', eine Form von *H. tokudama* mit noch leuchtenderer gelber Mitte, könnte sich an der Stelle wundervoll einfügen, wo eine Rabatte von Gold ins Blau übergeht. *H.* 'Snow Cap' und *H.* 'Regal Splendor' sind zwei neue Sorten mit blaugrünen Blättern und weißen Rändern, die schnell eine große Beliebtheit erlangen sollten. Sie lassen sich näher zum weißen Ende hin pflanzen. Es gibt so viele attraktive einfarbige Hosta-Sorten in wechselnden Abstufungen von Gold, Blau und Grün, die die buntblättrigen hervortreten lassen. Grüne Hosta sind genauso wirkungsvoll wie die buntblättrigen, werden aber zu wenig verwendet.

Wenn panaschierte Hosta-Pflanzen miteinander kombiniert werden, muß man sehr sorgfältig vorgehen. Es ist dabei wichtig, sich an ein begrenztes Farbenspektrum und an eine ähnliche Blattform zu halten. Das Bild von *H. fortunei* 'Aureo-marginata', einer mittelgrünen Sorte mit einem gelben Rand, wird in einem viel kleinerem Maßstab von H. 'Golden Tiara' wiederholt. Wenn man nun in diese Gruppe einfarbig gelbe und grüne Sorten setzt, läßt sich ein harmonisches Bild erreichen. Es gibt eine so große Vielfalt an Schattierungen von Blau und Grün, daß man durch eine entsprechende Auswahl die feinen Unterschiede in den Nachbarpflanzen ausnutzen kann.

Manchmal muß der Sammler eine weniger erfreuliche Gruppierung vornehmen, da er für die neu erworbenen kostbaren Sorten einen geeigneten Platz finden muß. Lanzenblättrige Hosta lassen sich dabei am schwierigsten einordnen. Wenn man sie aber miteinander verwendet, bildet die Ähnlichkeit der Blattform das gemeinsame Merkmal, das widersprüchliche Elemente überdeckt.

Einige Hosta-Sorten haben ein so dekoratives Erscheinungsbild, daß sie sich als wundervolle Solitärpflanzen eignen. Eine einzige Pflanze von *H.* 'Sum and Substance' mit ihren riesigen, grünlich-goldenen Blättern kann als Blickfang in eine überwiegend goldfarbene Anpflanzung von viel kleineren Sorten wie *H.* 'Golden Prayers' gestellt werden, die dann in größerer Menge als Unterpflanzung verwendet werden sollten.

Wenn Hosta am Rande einer Rabatte in wenigen Sorten in großzügiger Anzahl gepflanzt werden, sehen sie viel besser aus. Sie geben der Rabatte Zusammenhalt.

Christrosen, Lungenkräuter und kleine Narzissen können beim Auspflanzen im hinteren Teil der Rabatte für Interesse im Frühjahr sorgen. Die Narzisse 'Thalia' ist dabei in Verbindung mit den austreibenden Hosta-Pflanzen besonders wirkungsvoll.

## Schattengärten

Hosta sind ideale Schattenpflanzen. Sie lassen sich an Stellen pflanzen, die sonst oft Probleme machen. In den letzten Jahren haben viele Gärtner erkannt, daß Hosta im Schatten nicht nur wachsen, sondern dort sogar üppig gedeihen. Der Schattenplatz im Garten, der bislang am wenigsten begünstigt war, kann dadurch sehr attraktiv werden. Statt den Schatten zu beklagen, beginnen einige Gartenfreunde damit, mehr Bäume und Sträucher für die Anlage neuer Schattenbeete zu pflanzen. Diese sollen die steigende Anzahl von Hosta, Christrosen und Farnen aufnehmen, um nur einige der neuerdings von Liebhabern gesammelten Pflanzengattungen zu nennen.

Mit feuchtem Schatten kann man viel leichter umgehen als mit trockenem. Weil die Sonne dort aber den Boden nicht in dem Maß wie in einer offenen Lage austrocknet, ist trockener Boden im Schatten gewöhnlich kühler. Viele Hosta können dort unter Zusatz von Humus und Mulchmaterial zusammen mit einer ganzen Reihe von anderen Pflanzen gezogen werden.

Abb. 1 zeigt eine Lichtung in einer Waldung, wobei einige Stellen trockener sind als andere. Das wurde bei der Auswahl der Pflanzen entsprechend berücksichtigt. Der Schatten wird durch vorhandene laubabwerfende Bäume und Sträucher sowie durch dazugepflanzte immergrüne Büsche gespendet. In diesem Beispiel mit neutralem Boden sind dies Schneebälle, Skimmien, Schleimbeeren (Sarcococca) und Kamelien. Die Hosta dienen als Unterlage für die Büsche und sind anderen Stauden zugesellt, die die gleichen Bedingungen benötigen.

### TROCKENER SCHATTEN

Es besteht die Möglichkeit, ein Beet im trockenen Schatten so anzulegen, daß es genauso interessant ist wie andere Teile des Gartens. Dieses Beet wird nicht sehr farbig sein, da dort nur ganz wenige leuchtend gefärbte Pflanzen gut gedeihen, aber es wird um so effektiver sein, da es einen Ruhepunkt bildet und in Einklang mit der schattigen Umgebung steht. In vielen alteingewachsenen Gärten steht ein großer Baum, unter dem sehr wenig zu wachsen scheint. In vielen Fällen könnte aber der Boden nahezu bis zum Stamm vollständig bedeckt werden.

Bäume, die sehr spät austreiben, sind für Hosta nicht geeignet, weil das Blätterdach keinen Schutz für das junge Blattwerk der Hosta liefert. Außerdem können Bäume mit ausgeprägten Oberflächenwurzeln zu viele Nährstoffe entziehen. Eine gerade noch unter den überhängenden Zweigen stehende Pflanzung wird erfolgreicher sein, wenn der Baum eine immergrüne dichte Belaubung besitzt, wie z. B. ein großer *Ilex* (Stechpalme).

Gute Bodenvorbereitung ist notwendig. Organische Stoffe helfen, die Feuchtigkeit zu halten. Das kann Mistkompost oder Kompost sein. Blätter sollten nicht entfernt werden, sondern man sollte sie verrotten und zu Laubkompost werden lassen. Wenn man pflanzt, muß man ausreichend große Pflanzlöcher zwischen den Baumwurzeln graben. Auch sollte so viel wie möglich Kompost hinzugefügt werden. Die Pflanzen müssen durchdringend angegossen und sie sollten gemulcht werden, um die Feuchtigkeit zu halten. Wenn kein Mulchmaterial vorhanden ist, kann die Abdeckung des feuchten Bodens mit trockenem Erdreich besser als gar keine Maßnahme sein, da es die direkte Verdunstung verhindert.

Das erste Jahr nach der Pflanzung ist kritisch. Die Pflanzen müssen ein ausreichendes Wurzelwerk bilden, damit sie in der Lage sind, künftige Trockenperioden zu überstehen. Oft dringt die Feuchtigkeit nur in den Monaten ein, in denen die Bäume unbelaubt sind. Alte, einge-

wachsene Hostaklumpen haben Trockenzeiten erstaunlich gut ohne jede Wässerung überstanden, obwohl an Stellen mit außerordentlichem Regenmangel und einem Absinken des Grundwasserstandes auf sehr niedrige Werte die Blätter kleiner geworden sind. Viele stark wachsende Hosta werden an solchen Stellen sehr gut wachsen. Sie werden nicht so groß wie im feuchten Schatten sein, aber dennoch zufriedenstellende Büsche bilden.

Abb. 2 zeigt einen Planvorschlag für ein trockenes, schattiges Beet. In meinem Garten befindet sich eine sehr große Eiche. Der Boden unter ihrem breitem Blätterdach ist trocken. Der in vielen Jahren angehäufte Laubhumus hat aber geholfen, die Bodenstruktur zu verbessern. Die einzigen Pflanzen, die dort von Anfang an wuchsen, waren Schneeglöckchen in einer großen Kolonie und einige Buschwindröschen, die ich an Ort und Stelle ließ. In der Nähe des Stammes wurden *Luzula sylvatica* 'Marginata', *Geranium macrorrhizum album* und *Helleborus foetidus* gepflanzt. Sie haben inzwischen eine vollständige Bodendecke gebildet. *H. undulata* 'Albomarginata' (*H.* 'Thomas Hogg'), *H. undulata* 'Univittata', *H.* 'Francee' und *H.* 'Ginko Craig' wurden alle in Gruppen gepflanzt, wodurch ihr weiß-panaschiertes Blattwerk Höhepunkte in der Gestaltung ergab.

Für Stellen am Rande des Beetes wurden folgende blaue und grüne Hosta-Sorten verwendet: *H. lancifolia*, *H.* 'Candy Hearts', *H.* 'Blue Boy', *H.* 'Blue Wedgwood' und *H.* 'Halcyon' sowie *H.* 'Blue Angel' (ein *H. sieboldiana*-Typ ohne gewölbte Blätter) und *H. fortunei* 'Hyacinthina' als größere Blattbüsche. Hosta mit stark gewölbten Blättern wie *H. tokudama* und *H.* 'Sea Lotus Leaf' pflanzt man am besten nicht unter die Traufe von Bäumen, da ihre Blätter vom Baum fallende Abfälle auffangen.

Zu den Pflanzen, die auch im Winter und Frühling interessant sind, gehören Bergenien, die sorgfältig etwas von den Hosta entfernt gepflanzt werden müssen, Christrosen, Lungenkräuter, Schneeglöckchen und *Iris foetidissima*. Zusätzliche vertikale Akzente kommen von der wiederholten Pflanzung von *Iris foetidissima* 'Variegata', die eine unschätzbare Pflanze für den winterlichen Garten ist und einen feinen Gegensatz in Form und Farbe zu blauen und grünen Hostabüschen bietet. Wenn das Gartenjahr voranschreitet, werden Salomonssiegel, Tränendes Herz und Fingerhüte von Eisenhut und Japananemonen abgelöst, und diese schließlich von einem Teppich aus Alpenveilchen (*Cyclamen hederifolium*).

Der Feuchtigkeitsgehalt schwankt in Schattenbereichen enorm. Nichts wird unter eingewachsenen immergrünen Gehölzen wie der Eibe wachsen, da die Feuchtigkeit dort niemals in den Boden eindringt. Für Bereiche jedoch, die im Sommer trocken sind und im Winter einigen Regen abbekommen, gibt es eine ganze Reihe von Pflanzen, die sich mit Hosta gut verbinden lassen und sehr wertvoll sind. *Arum italicum* 'Pictum' wirkt besonders im Winter- und Frühlingsgarten mit seinen hübsch silbrigmarmorierten Blättern, die vollständig verschwinden, wenn die Fruchtstände mit den roten Beeren (giftig!) im Herbst auftauchen. *Euphorbia amygdaloides robbiae* mit ihren dunkelgrünen, ledrigen Blättern, *Luzula* und Beinwell können Bereiche bedecken, die für Hosta gerade noch zu trocken sind. Einige Formen des Wurmfarns (*Dryopteris filix-mas*) können erstaunlich gut im trockenen Schatten wachsen und interessante Gegensätze zu den Hosta bilden. Gleiche Effekte erreicht man mit *Tellima grandiflora* mit ihren creme-grünen Blütentürmchem aus winzigen Einzelblüten.

Zu den unschätzbaren immergrünen Bodendeckern, die als „Markierung" für Hosta in den Wintermonaten dienen können, damit nicht eine Grabegabel unabsichtlich in die Triebe gestoßen wird, gehören *Ajuga reptans*, *Epimedium* (obwohl man deren alte Blätter im Frühjahr abschneiden sollte, damit man die Blüten richtig sehen kann), kleinblättrige Efeus, Taubnesseln, *Pachysandra*, Schaumblüte (*Tiarella*) und Immergrün (*Vinca*). Diese Pflanzen können trockene Schattenplätze besiedeln, solange ihnen ein guter Start gegeben und eine Mulchschicht verabreicht wird, und der Boden feucht oder vorher gewässert worden ist. Falls der Boden durch Mauern oder Bauwerke trocken geworden ist, kann man viel leichter planen, da der Winkel des Sonneneinfalls zu

**Bild auf Seite 14:**
**Vorgartenbeet im Garten von Warren und Ali Pollock in Wilmington, Delaware, USA.**
**Folgende Hosta-Sorten (von links nach rechts): 'Antioch', 'Roseanne' (eine neue gelbe), *H. fortunei* 'Aureo-marginata' mit 'August Moon' dahinter und 'Sum and Substance' links oben.**

**Abb. 1:**

**Waldlichtung: lichter bis tiefer Schatten unter Bäumen, wobei die Ränder des Beetes feuchter als die Bereiche unter dem Blätterdach der Bäume sind. Falls der Boden nicht neutral (oder sauer) ist, sollte man die Kamelien und Skimmien durch kalktolerante Sträucher wie Kirschlorbeer ersetzen.**

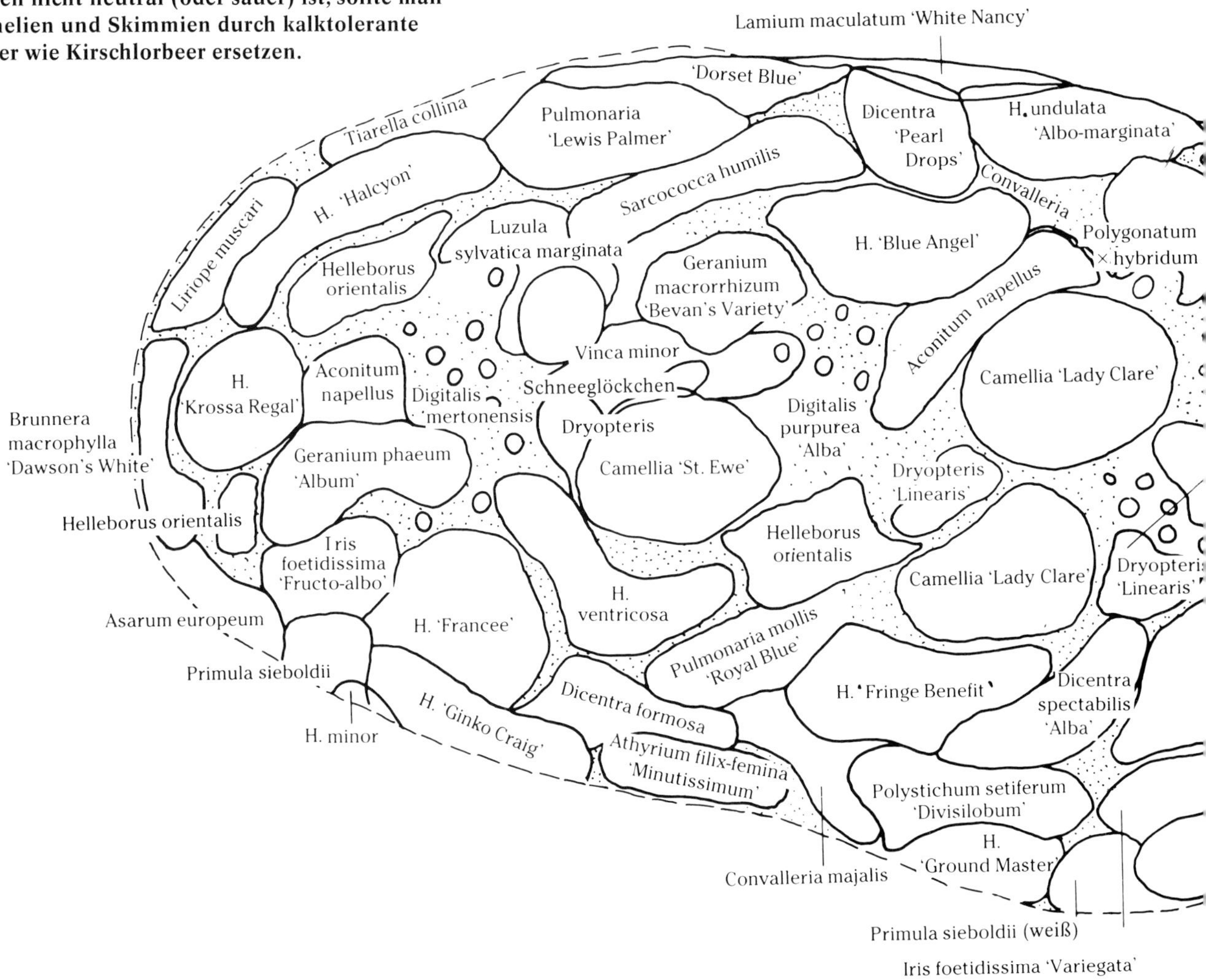

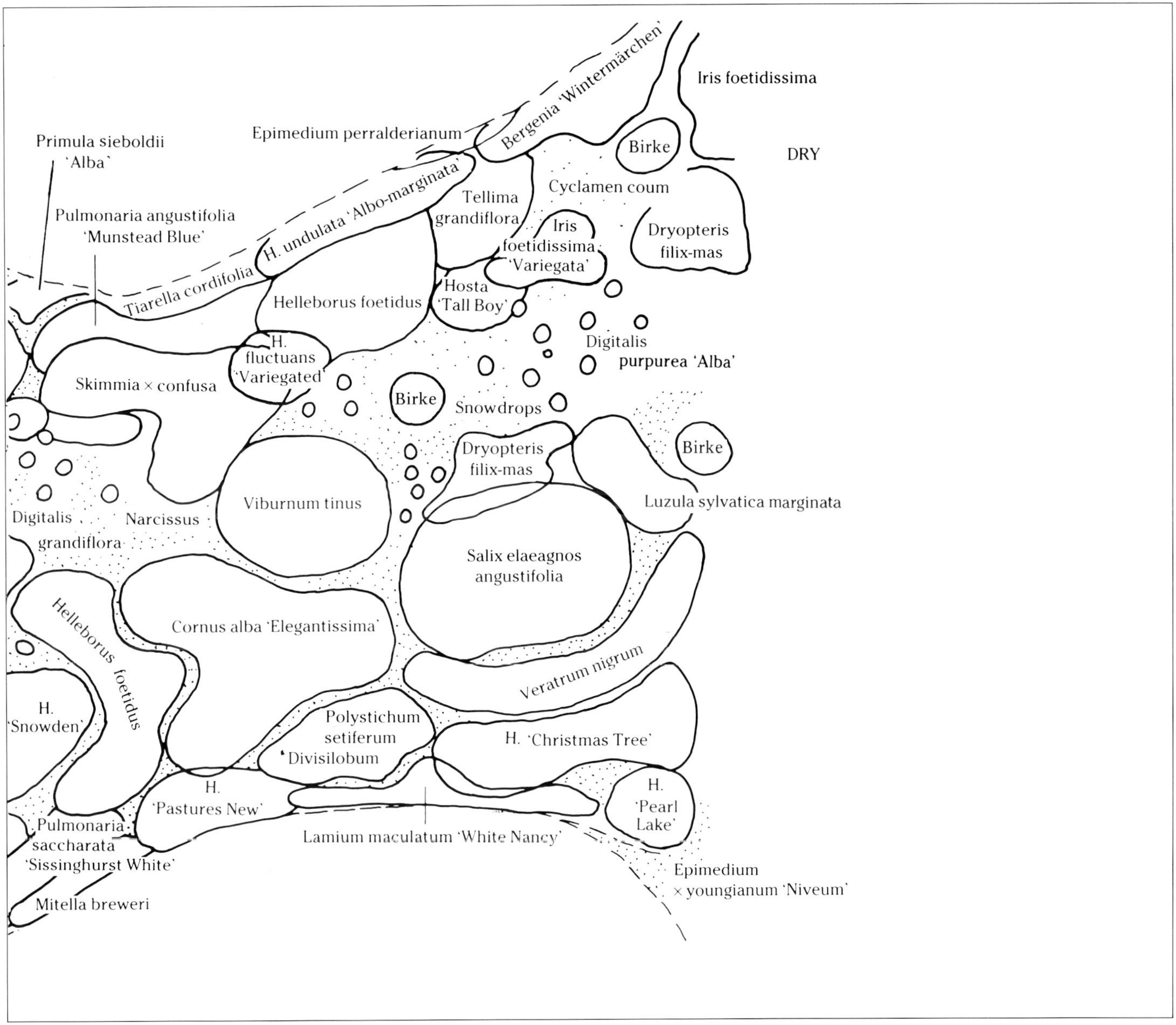
Iris foetidissima
DRY
Primula sieboldii 'Alba'
Epimedium perralderianum
Bergenia 'Wintermärchen'
Birke
Pulmonaria angustifolia 'Munstead Blue'
H. undulata 'Albo-marginata'
Tellima grandiflora
Cyclamen coum
Iris foetidissima 'Variegata'
Dryopteris filix-mas
Tiarella cordifolia
Helleborus foetidus
Hosta 'Tall Boy'
Digitalis purpurea 'Alba'
H. fluctuans 'Variegated'
Skimmia × confusa
Birke
Snowdrops
Dryopteris filix-mas
Birke
Viburnum tinus
Luzula sylvatica marginata
Digitalis grandiflora
Narcissus
Salix elaeagnos angustifolia
Cornus alba 'Elegantissima'
Helleborus foetidus
Veratrum nigrum
H. 'Snowden'
Polystichum setiferum 'Divisilobum'
H. 'Christmas Tree'
H. 'Pastures New'
H. 'Pearl Lake'
Pulmonaria saccharata 'Sissinghurst White'
Lamium maculatum 'White Nancy'
Epimedium × youngianum 'Niveum'
Mitella breweri

**Abb. 2:**

**Trockener Schattenplatz unter dem Blattschirm eines alteingewachsenen Baumes wie z. B. einer Eiche, der Winterregen abbekommt, wo aber im Sommer sehr wenig Feuchtigkeit einzieht.**

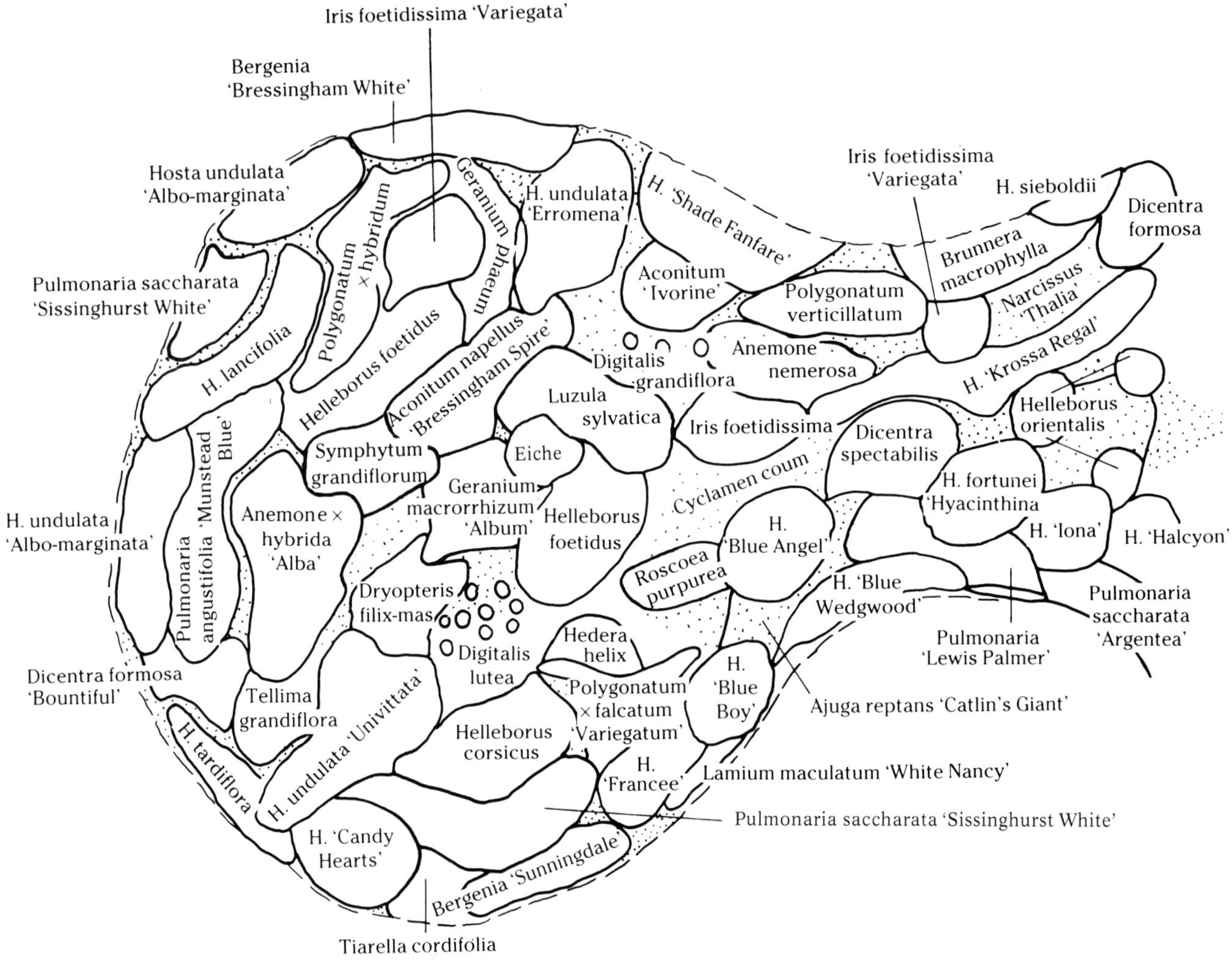

jeder angegebenen Zeit im Jahr den Grad des Schattens bestimmt. Dort lassen sich viel mehr Hosta erfolgreich ansiedeln, solange man für eine angemessene Bodenvorbereitung und Bewässerung sorgt.

Goldene und goldbunte Hosta-Sorten pflanzt man am besten in Bereichen mit mehr Licht. Einige Sorten, darunter besonders die blauen, wachsen gut an Stellen, wo die Sonne niemals hinkommt. Dort haben sie weniger, aber größere Blätter, und die Blüten werden seltener erscheinen.

## FEUCHTER SCHATTEN

Der ideale Standort für Hosta ist der feuchte Halbschatten. Hier ist auch die zusammen mit ihnen verwendbare Auswahl an Pflanzen sehr groß. Viele der Stauden, die trockenen Schatten vertragen, werden unter feuchteren Bedingungen üppig wachsen, obwohl nicht alle für diesen Standort geeignet sind. Hier kann die konzentrierte Wirkung von großzügig angepflanzten, unregelmäßigen Gruppen ,einzelner Pflanzenarten, die miteinander und mit den Hosta verwoben sind, ihren Höhepunkt erreichen. Das Prinzip, in unregelmäßigen Gruppen zu pflanzen, läßt sich sowohl im großen als auch im kleinen Maßstab durchführen. Alle Pflanzpläne benötigen Verbinderpflanzen, d.h. Gruppen, die sich oftmals am Rand befinden, um die Gestaltung zusammenzuhalten. Hosta gehören zu den für diesen Zweck am besten geeigneten Stauden. Sorgfältig ausgewählt, können sie Ordnung bringen. Aber auch auf eine etwas wilde Wirkung sollte man nicht gänzlich verzichten. Das Ideal sieht natürlich aus. Es läßt sich aber erst durch sorgfältige Auswahl des Pflanzenmaterials zustande bringen.

Hier ist der Platz für blaue und grüne Formen, gepaart mit einer vernünftigen Verwendung von buntblättrigen Sorten.

Abb. 3 zeigt einen Vorschlag für eine kühle Stelle, der sich auch auf ein feuchtes Beet im weißen Garten anwenden läßt, wobei der Purist die Hostablüten entfernen wird. Der Straußfarn (*Matteuccia struthiopteris*) ist eine hervorragende Pflanze mit architektonischer Wirkung, solange er nicht an einer windigen Stelle gepflanzt wird. Er läßt sich wunderschön mit vielen Hosta-Sorten kombinieren und liefert einen Kontrast von Habitus und Blatt. Die weißen Ränder von *H.* 'Francee' und *H.* 'Ginko Craig' werden durch die spitzenähnlichen Farnwedeln betont und der niedrigere Farn *Polystichum setiferum* 'Divisilobum' mit seinen viel dunkleren Wedeln läßt die Hosta vollendet hervortreten. Das feingeschnittene Blattwerk von *Aruncus aethusifolius*, mit Rispen von winzigen cremeweißen, an eine Astilbe erinnernden Blüten schaut unter dem Blattschopf von *H.* 'Francee' hervor. *Heuchera cylindrica* 'Greenfinch' (*Heuchera* 'Green Ivory' ist ebenso wirkungsvoll) mit ihren höheren Rispen mit grünlichen Glocken vervollständigt das Bild. Diese Heuchera wächst in kühlem, feuchtem Boden viel besser, obwohl sie auch trocknere Böden toleriert.

In einer geschützten, feuchten, teilweise beschatteten Ecke kann *H. montana* 'Aureo-marginata' (die am frühesten austreibende und daher spätfrostgefährdete Hosta) die im Brennpunkt stehende Pflanze für ein Spätfrühlingsbild abgeben. Das Tränende Herz (*Dicentra spectabilis* 'Alba'), das wahrscheinlich feuchteren Boden als einige andere Vertreter der Familie braucht, *Primula* 'Dawn Ansell', eine liebliche gefüllte weiße Primel, die im Frühjahr für viele Wochen blüht, *Geum rivale* 'Album', eine verkleinerte Nelkenwurz, und *Milium effusum* 'Aureum' (Bowles' Golden Grass) passen sehr gut dazu. Astrantien, Farne, *Smilacina racemosa* (Schattenblume), *Primula sieboldii* (vorzugsweise eine weißblühende Form), *Lilium martagon* 'Album' und die Wachsglocke (*Kirengeshoma palmata*) lassen sich alle mit Hosta für ein dauerhaftes Bild während der Vegetationszeit vergesellschaften. *H.* 'Ground Master' und *H.* 'Golden Scepter' können in großzügig bemessener Zahl als Einfassung verwendet werden, da sie ebenfalls früher als die meisten Sorten austreiben.

Eine ganz verschiedene Wirkung läßt sich durch Pflanzung von *H. sieboldiana* oder einer der vielen anderen großblättrigen, blauen Hosta-Sorten in großzügigen lokkeren Gruppen mit *Astrantia maxima*, die schimmernde rosa Blüten besitzt, mit Salomonsiegeln sowie mit rosa und weißen Astilben (sie blühen im Halbschatten viel länger und brauchen nicht so viel Feuchtigkeit wie in der Sonne) erzielen.

**Bild auf Seite 19:**
***H. undulata* 'Univittata' im Park zu Wakehurst Place, Sussex, UK. Diese Sorte kann im trockenen Schatten wachsen.**

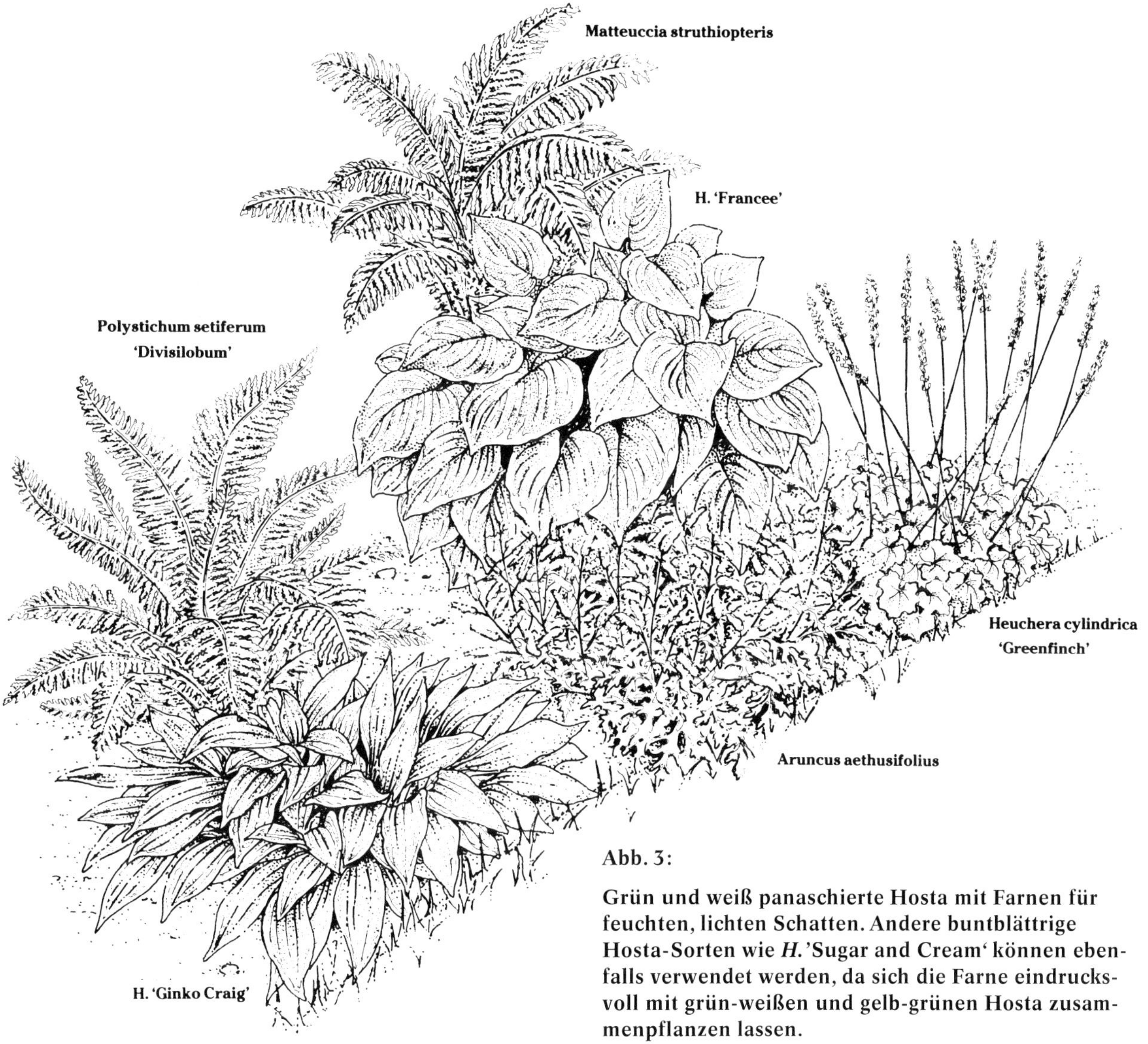


Abb. 3:

**Grün und weiß panaschierte Hosta mit Farnen für feuchten, lichten Schatten. Andere buntblättrige Hosta-Sorten wie *H.* 'Sugar and Cream' können ebenfalls verwendet werden, da sich die Farne eindrucksvoll mit grün-weißen und gelb-grünen Hosta zusammenpflanzen lassen.**

Zu den Pflanzen, die zu Beginn der Vegetationsperiode interessant sind, gehören pflaumenfarbene Christrosen (*Helleborus orientalis*),der Schlangenbart (*Ophiopogon planiscapus nigrescens*) und rosa Hundszähne. *H.* 'Halcyon', unterpflanzt mit *Pulmonaria longifolia* oder einem der neueren, ganz silbrigen Lungenkräuter wie *P. saccharata* 'Tim's Silver', sowie *Astrantia major* 'Rubra' ließen sich ebenfalls einflechten und bis zur Grenze der Rabatte ausdehnen. Das Labradorveilchen (*Viola labradorica*) mit seinen kleinen purpurnen Blättern und der Eigenschaft, sich auszusäen, ist ebenso wie die Schaumblüte (*Tiarella*) und *Ajuga reptans* bestens als Bodendekker unter den Blattschöpfen von blauen Hosta geeignet.

Pflanzen für senkrechte Akzente schließen Bambusarten wie *Phyllostachys nigra* und *Sinarundinaria nitida* (*Semiarundinaria nitida*) oder in einem kleineren Maßstab Geißbart, Mädesüß und Germer ein. Die buntblättrige Hosta für diese Rabatte könnte *H.* 'Christmas Tree' sein, vor eine Gruppe von *Veratrum nigrum* gepflanzt. Die hohen Stiele mit nahezu schwarzvioletten Blüten schaffen einen dekorativen Blickpunkt im Spätsommer und wiederholen die Farbtöne der Bodendecker *Ajuga reptans* 'Atropurpurea', *Ophiopogon planiscapus nigrescens* und *Viola labradorica* in Purpur-Schwarz. Der Hosta-Liebhaber hat die Möglichkeit, viele andere kleinere Hosta-Sorten mit blaugrünem Laub wie *H.* 'Hadspen Blue', *H.* 'Blue Moon', *H.* 'Dorset Blue' und *H.* 'Blue Boy' sowie einige mit bunten Blättern wie *H.* 'Frosted Jade' und *H.* 'Iona' hinzuzufügen.

### RABATTEN AM HAUS

Schattige Innenhöfe und Gebäudeecken brauchen eine hervortretende, architektonische Pflanzung. Es ist oftmals besser, nur eine Hosta-Sorte zu verwenden und diese dann mit anderen Pflanzenarten in Gegensatz zu bringen. Falls die Stelle sehr trocken ist, wird die Pflanzenauswahl mehr als bei ausreichender Feuchtigkeit eingeschränkt. Wie aber an den Pflanzen in Abb. 2 zu sehen ist, ist noch immer eine genügende Auswahl vorhanden, aus der sich bestimmte Arten aussuchen lassen.

**Bild auf Seite 22:**
***H. crispula* mit der seltenen Orchidee *Dactylorhiza elata* an einem feuchten, schattigen Standort.**

Die Farbe der dahinter stehenden Mauern sollte berücksichtigt werden. Oft sind Gestaltungsentwürfe mit einer begrenzten Farbpalette am effektivsten. Eine große Hosta, mit *Polystichum setiferum* 'Divisilobum' und Maiglöckchen unterpflanzt, bildet mit einem aus grün und weiß panaschiertem Efeu bestehenden Hintergrund eine kühle Oase vor einer roten Ziegelmauer. In der schattigen Ecke zwischen zwei Mauern läßt sich ein einfaches kleines Beet mit Buchsbaum einfassen und dann mit Silberkerzen und *H.* 'Fringe Benefit' oder mit *Digitalis ambigua*, *H.* 'Shade Fanfare' und Farnen bepflanzen.

Schattige Beete am Haus sind oft der ideale Platz für eine Rabatte mit Hosta und Farnen, wobei man die einzelnen Pflanzenarten der Trockenheit des Bodens entsprechend aussucht. Viele Farne wachsen gut mit Hosta zusammen und bieten wirkungsvolle Kontraste, so daß sich beide Pflanzengruppen sichtbar steigern lassen.

Duftende Hosta-Sorten wie *H.* 'Royal Standard', *H.* 'Sugar and Cream', *H.* 'Summer Fragrance' und *H.* 'So Sweet', die einen Teil der in Abb. 4 gezeigten Anpflanzung bilden, sollten dicht neben Türen und Fenstern gepflanzt werden, damit man ihren Duft richtig wahrnehmen kann. Die meisten neueren Hosta-Sorten mit duftenden Blüten wachsen im Halbschatten zufriedenstellend, da sie viel früher als *H. plantaginea* blühen, die für die Blüte einen sehr warmen Platz haben muß und daher für kältere Lagen nicht geeignet ist. Kleinwüchsige Narzissen können im hinteren Teil der Rabatte angepflanzt werden, wobei deren absterbende Blätter durch die sich entfaltenden Hosta-Triebe verdeckt werden.

## Teiche und Bachläufe

In der Nähe von Wasser sehen Hosta-Pflanzen besonders gut aus. Obwohl sie keine Sumpfpflanzen sind, können sie genau über der Wasserhöhe üppig gedeihen, wo ihre Wurzeln einerseits mit einem ständigen Angebot an Wasser in Kontakt stehen, die Triebe sich andererseits aber oberhalb des Bereiches ständiger Nässe befinden, so daß sie nicht verrotten können. Viele andere großblättrige Stauden lieben ähnliche Bedingungen und geben ausgezeichnete Begleitpflanzen für Hosta ab. Die größte Staude ist *Gunnera manicata*. In einem kleineren Garten können Zierrhabarber, Schaublätter (*Darmera*) und Rodgersia ähnlich wirken. Hohe senkrechte Effekte werden von Gräsern, Seggen, *Ligularia*, Mädesüß und feuchtigkeitsliebenden Iris wie *I. laevigata*, *I. sibirica* und *I. pseudacorus* geliefert (siehe Abb. 6 auf den Seiten 28–29). Auch die Zusammenpflanzung von rosa und weißen Astilben mit großen blauen Blattbüschen von *H. sieboldiana* ist sehr wirkungsvoll. Für Stellen am Wasserrand benötigt man eine üppige Pflanzung.

Große Gruppen einer begrenzten Auswahl an Pflanzen sind dabei viel wirkungsvoller als viele in einer Anzahl von ein oder zwei Pflanzen. Dies ist ein Grundsatz, der genauso für einen See wie für einen kleinen Gartenteich gilt. Die meisten Sumpfpflanzen wachsen in voller Sonne oder im Halbschatten. Hosta wollen aber mit wenigen Ausnahmen schattiger stehen. Daher ist es besser, starkwachsende Sorten auszusuchen und sie auf die Schattenseite größerer Pflanzen zu bringen, damit sie vor der Intensität der Mittagssonne geschützt sind. Die am besten für einen Sonnenplatz geeigneten Hosta-Sorten sind die goldenen und einige von den grünblättrigen. Dickblättrige goldene wie *H.* 'Sum and Substance' und *H.* 'Midas Touch' können bis auf Gebiete mit sehr heißem Klima in feuchtem Boden gut wachsen. Für andere Hosta-Sorten ist es aber besser, wenn sie durch größere Pflanzen oberhalb des feuchtesten Sumpfbereiches gefiltertes Licht bekommen. Grüne Hosta, wie *H. undulata* 'Erromena', *H.* 'Tall Boy' und *H. montana*, sehen in Masse gut

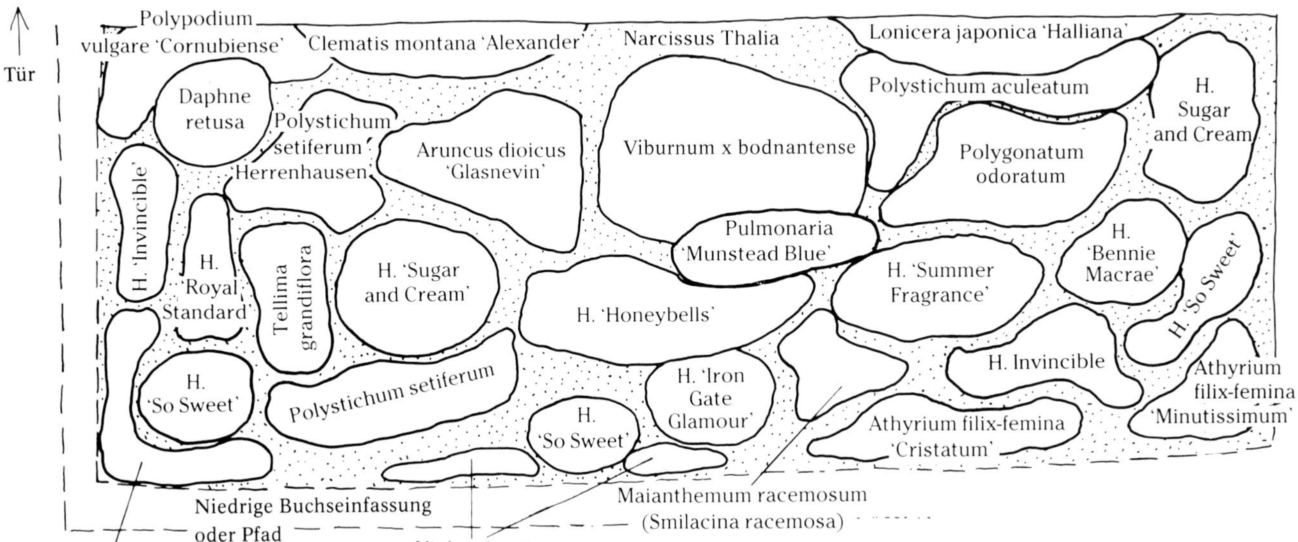


**Abb. 4:**

**Duftende Hosta-Sorten zusammen mit anderen wohlriechenden Pflanzen für eine Rabatte am Haus, die für den größten Teil des Tages im Schatten liegt, oder für ein Beet im lichten Schatten. Vorzugsweise sollte man sie in der Nähe von Sitzplätzen pflanzen, so daß der Duft wahrgenommen werden kann. Kleine Duftnarzissen wie N. 'Thalia' machen die Rabatte schon im Frühjahr interessant.**

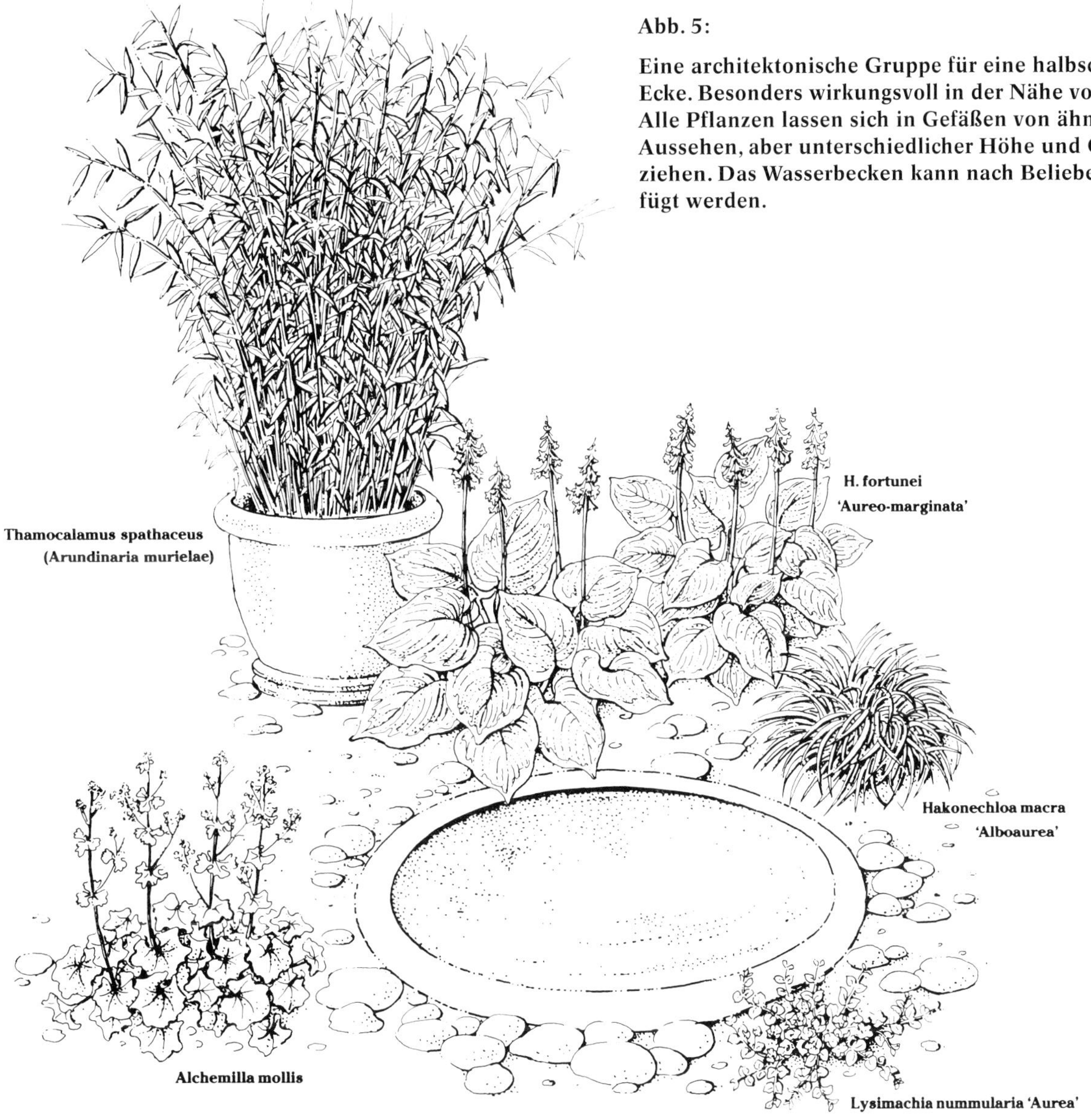


**Abb. 5:**

**Eine architektonische Gruppe für eine halbschattige Ecke. Besonders wirkungsvoll in der Nähe von Mauern. Alle Pflanzen lassen sich in Gefäßen von ähnlichem Aussehen, aber unterschiedlicher Höhe und Größe ziehen. Das Wasserbecken kann nach Belieben zugefügt werden.**

aus, da sie die Pracht von Taglilien, Primeln und Astilben dämpfen.

Auch wer keinen natürlichen Bach oder Teich besitzt, muß nicht auf die Freuden verzichten, Hosta im Garten gestalterisch mit Wasser zu verbinden. Eine kleine mit Wasser gefüllte Schale oder ein großer, mit einem Loch für eine Fontäne durchbohrter Findling können den Blickpunkt für eine einfache Gruppe mit Hosta-Blattwerk bilden (Abb. 5). Ein Bambus, der zur Eindämmung seiner Wuchskraft in einem Kübel steht, kann den Hintergrund zu einer Gruppe von *H. fortunei* 'Aureo-marginata' liefern, die mit *Alchemilla mollis* und der niedrigen kriechenden und goldlaubigen *Lysimachia nummularia* 'Aurea' unterpflanzt ist. Alle Pflanzen werden mit kleinen Kieseln abgedeckt, damit die Feuchtigkeit erhalten und Schaden durch Schnecken verhindert wird.

*Ligularia przewalskii* 'The Rocket' kann bei genügender Feuchtigkeit anstelle des Bambus verwendet werden.

## Hosta als Bodendecker

Hosta sind unter Bäumen und Sträuchern als Bodendekker sehr brauchbar. Sie bilden dichte Horste oder sich ausbreitende Matten und können für viele Jahre sich selbst überlassen werden. Die besten Sorten sind die mit einem kräftigen Wuchs. Ausläuferbildende Hosta sind besonders für das Bedecken großer Flächen geeignet. Es gibt einen viel ästhetischeren Anblick, wenn man einige wenige Sorten in großer Anzahl verwendet als eine Unmenge von Sorten mit einer Anzahl von jeweils ein oder zwei Pflanzen. Für schattige und halbschattige Flächen sind Hosta unersetzlich. Sie werden da noch gut wachsen, wo sonst nichts anderes gedeiht. Sie bilden nach dem Einwachsen eine ausgezeichnete Bodendecke, die kein Unkraut aufkommen läßt. Für eine ausgewogene Wirkung im Winter gibt es immergrüne Bodendecker wie Günsel (*Ajuga*), Bergenien, *Helleborus foetidus*, Lungenkräuter, *Tellima* und Schaumblüte (*Tiarella*). Wie schon oben erwähnt, sind trockenen Schatten ertragende Hosta besonders nützlich, da der Boden unter dem höheren Blätterdach oft trocken ist.

Strauchrosen können ziemlich dichte Blattschirme bilden, unter deren lichten Schatten sich Kolonien von Hosta wohlfühlen. Die blauen Sorten lassen sich sehr wirkungsvoll mit alten Strauchrosen zusammenpflanzen. Große Büsche von *H. sieboldiana* können die nackten Stämme an der Basis der Rosen verdecken, während sie mit den Blüten, besonders den mauvefarbenen, rosa und weißen, gut harmonieren. In einem kleineren Maßstab bringen größere Anpflanzungen von *H.* 'Halcyon' und winterharten Storchschnäbeln (*Geranium*) Zusammenhalt ins Rosenbeet.

Eine der wirkungsvollsten Anwendungen von Hosta als Bodendecker besteht auf Flächen mit saurem Boden, wo man sie ausgiebig unter Rhododendren, Pieris, Kamelien und anderen Sträuchern aus der Heidekrautfamilie (*Ericaceae*) verwenden kann. Hier können sie nicht nur die Räume zwischen den Sträuchern ausfüllen, sondern zusammen mit anderen Pflanzen für den Gehölz- oder Waldbereich diese Stellen auch länger ansehnlich halten.

**Hosta-Sorten als Bodendecker und für Massenanpflanzung**

| | |
|---|---|
| *clausa normalis* | 'Royal Standard' |
| *fortunei* (die meisten) | 'Shade Fanfare' |
| 'Francee' | *sieboldiana* (und Formen) |
| 'Fringe Benefit' | *sieboldii* |
| 'Gold Edger' | 'Sugar and Cream' |
| 'Ground Master' | 'Sum and Substance' |
| 'Hadspen Blue' | *undulata* 'Albo-marginata' |
| 'Halcyon' | *undulata* 'Erromena' |
| 'Honeybells' | *undulata* 'Univittata' |
| 'Invincible' | *ventricosa* |
| *lancifolia* | 'Wide Brim' |

Hosta sollten bis zum völligen Auswachsen sich selbst überlassen werden. Sie brauchen außer der Startversorgung, der gelegentlichen Düngung und dem Streuen von Schneckenkorn bei Ärger mit Schnecken über Jahre keine weitere Aufmerksamkeit.

**Bild auf Seite 27:**
**Eine feuchte Rabatte im Garten von John Newbold zeigt Formenkontraste von *Rheum palmatum*, *Iris pseudacorus* 'Variegata' und *H. undulata* 'Albo-marginata' (*H.* 'Thomas Hogg').**

**Abb. 6:**

**Vorschlag für eine Pflanzung am Teich, der den größten Teil des Tages in der Sonne liegt, mit feuchtem Boden am Teichrand. Einige der größeren Pflanzen geben lichten Schatten für die Hosta. Verwendete Blütenfarben sind Rosa, Weiß und Blau. Die Rabatte hat ihren Höhepunkt im Sommer. Blumenzwiebeln wie *Fritillaria meleagris* und Camassia lassen sich an feuchten Stellen pflanzen, um das Beet länger ansehnlich zu machen.**

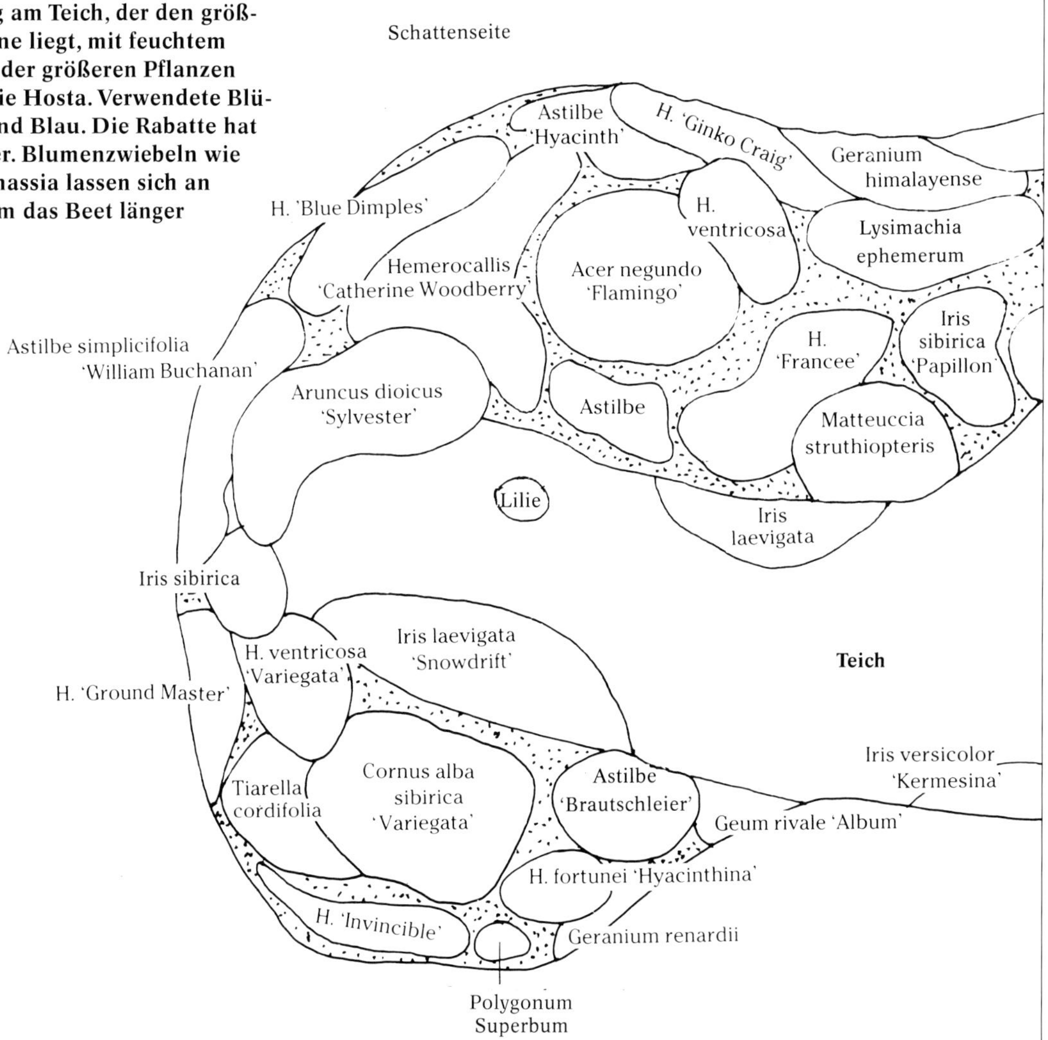

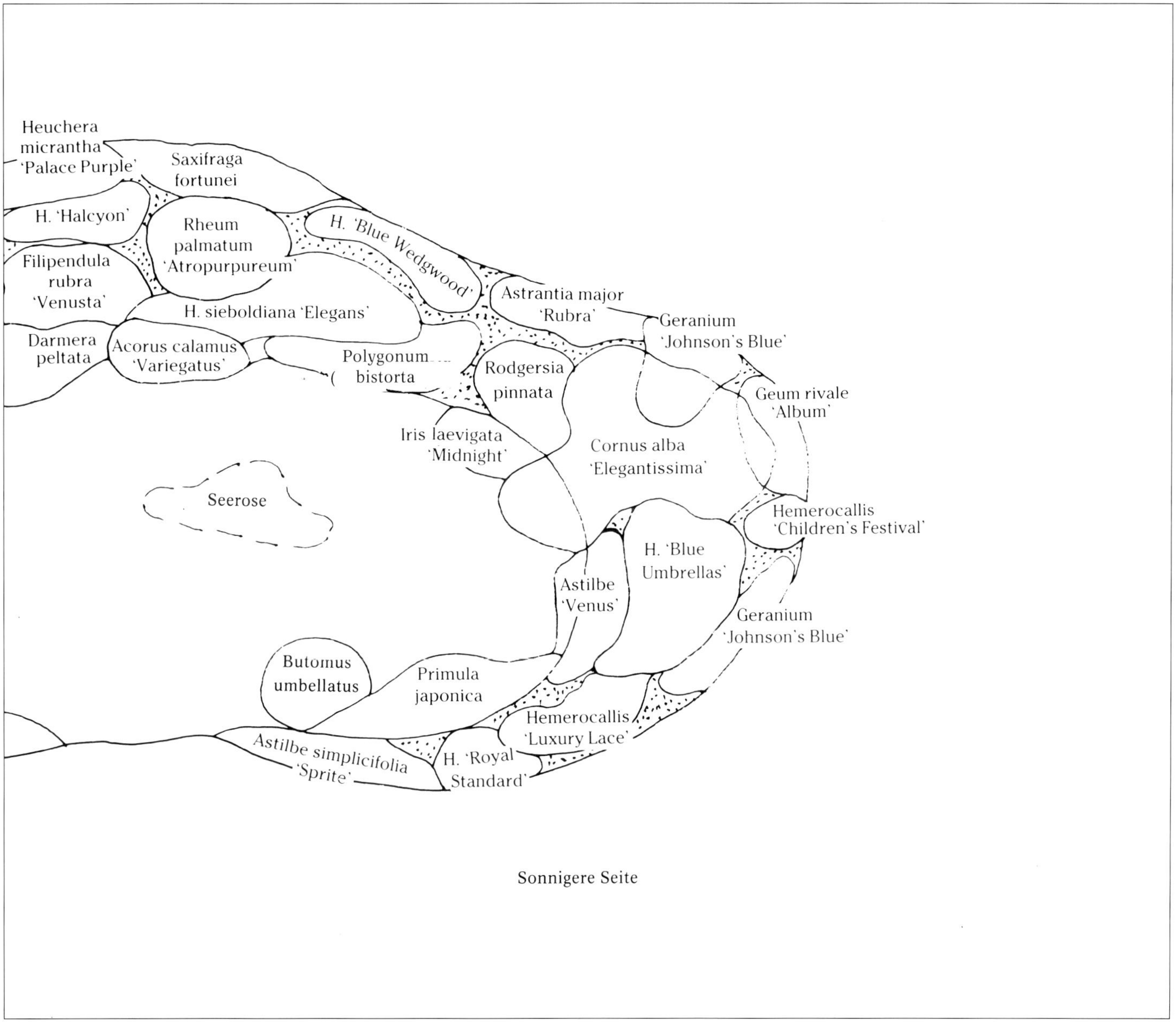
Heuchera
micrantha
'Palace Purple'
Saxifraga
fortunei
H. 'Halcyon'
Rheum
palmatum
'Atropurpureum'
H. 'Blue Wedgwood'
Filipendula
rubra
'Venusta'
H. sieboldiana 'Elegans'
Astrantia major
'Rubra'
Geranium
'Johnson's Blue'
Darmera
peltata
Acorus calamus
'Variegatus'
Polygonum
bistorta
Rodgersia
pinnata
Geum rivale
'Album'
Iris laevigata
'Midnight'
Cornus alba
'Elegantissima'
Seerose
Hemerocallis
'Children's Festival'
H. 'Blue
Umbrellas'
Astilbe
'Venus'
Geranium
'Johnson's Blue'
Butomus
umbellatus
Primula
japonica
Hemerocallis
'Luxury Lace'
Astilbe simplicifolia
'Sprite'
H. 'Royal
Standard'
Sonnigere Seite

## Alpinenbeete

Schattige Teile von Steingärten und Hochbeeten geben ausgezeichnete Standorte für viele der schwächer wachsenden und oft nicht so wüchsigen Hosta-Sorten ab. Von diesen würden die meisten in einem größeren Beet verlorengehen. Außerdem muß man sie aus größerer Nähe sehen, um die Schönheit ihrer Blätter und Blüten bewundern zu können. Alpinenbeete werden oft mit einer Kiesschicht abgedeckt. Dies kann eine Hilfe für einen kühlen Wurzelbereich und für die Verringerung des Schneckenbefalls sein. Im allgemeinen benötigen die Zwergsorten einen gewissen Schattenanteil. Oft fühlen sie sich in einer Felsspalte wohl, wo sie besonders wirkungsvoll ausschauen. Die meisten Sorten müssen zuerst in einem Topf herangezogen werden. Bei den ganz kleinbleibenden Sorten ist es empfehlenswert, ein Stück weiterhin im Topf zu halten, um eventuelle Verluste auszugleichen, die entweder durch Schneckenfraß, wetterbedingt oder durch zufälliges Ausreißen beim Jäten im Winter geschehen können.

Eine Anpflanzung von kleinen Farnen, Leberblümchen, Trillium-Arten, Moossteinbrech, Alpenveilchen, Arten von Hundszahn und einer weiteren Reihe von schattenliebenden Alpinenpflanzen läßt sich durch die Zugabe von Hosta vervollständigen. Die Auswahl wird auch hier durch den Feuchtigkeitsgehalt des Bodens bestimmt.

**Kleinere Hosta-Sorten, die meistens eine Höhe unter 25 cm besitzen:**

'Amanuma'
'Blond Elf'
'Blue Blush'
'Blue Moon'
'Blue Skies'
'Carrie Ann'
'Celebration'
'Chartreuse Wiggles'
'Dawn' ('Sunset') (s. 'Hydon Sunset' *)
'Dorset Blue'
'Duchess'
'Elfin Power'
'Fresh'
'Ginko Craig'
'Goldbrook Grace'
'Green with Envy' (s. 'Hydon Sunset' *)
'Hadspen Heron'
'Hakujima' (s. 'Saishu Jima' *)
'Harmony'
'Hydon Sunset'
'Lemon Lime'
'Little Aurora' (s. 'Golden Prayers' *)
'Little White Lines'
*minor*
'Pixie Power' (s. 'Elfin Power' *)
'Royalty'
'Saishu Jima'
'Shining Tot'
'Squiggles' (s. *H. sieboldii* 'Shiro-Kabitan' *)
*tardiflora*
'Thumb Nail' (s. *H. venusta* *)
'Tiny Tears'
'Vanilla Cream'
*venusta*
*venusta* 'Variegated'

* in Kapitel 6

**Bild auf Seite 30:**
**Eine Gruppe mit duftenden Blüten für eine partiell beschattete Rabatte am Haus. *H.* 'So Sweet' (weiße Blüten) und *H.* 'Iron Gate Glamour' mit Farnen und *Pachysandra terminalis* 'Green Carpet'.**

KAPITEL 3

# Die Bedeutung von Farbe in der Gartengestaltung

Eine Farbpalette mit gedämpfteren Tönen ist für die Anlage ruhiger Bereiche im Garten viel wirkungsvoller. Ein Teil des Gartens oder ein bestimmtes Beet läßt sich für dieses Ziel in einzelnen Farbzusammenstellungen bepflanzen. Derzeit ist der weiße Garten in Mode, oft in einer mit Eibenhecken eingefaßten separaten Anlage, um die Blässe der Blüten noch zu verstärken. Ein blaues Schema erlaubt dem Auge, sich auszuruhen, und läßt den Garten größer erscheinen. Rot dagegen zieht das Auge sogleich auf sich – eine rote Rabatte ist aufregend, aber nicht ruhig.

Die Bedeutung der meisten Blattpflanzen liegt darin, daß sie beruhigend wirken und eine friedvolle Stimmung im Garten schaffen. Hosta sind keine lauten Pflanzen und sehen allgemein wirkungsvoller aus, wenn sie in einem Schema mit einer begrenzten Farbskala gepflanzt werden. Sorten mit schlichteren Blättern sind jedoch in der Lage, übertrieben bepflanzte Rabatten in ihrer Wirkung abzumildern und Ordnung in den Garten zu bringen.

Durch Planung für eine Pflanzung mit Winter- und Sommerwirkung können verschiedene Farbzusammenstellungen an derselben Stelle verwendet werden. Der leuchtende Frühlingsgarten mit Lenzrosen (*Helleborus orientalis*), Sorten von Lungenkraut und Blumenzwiebeln wird zu einer kühlen Oase von Grün- und Cremetönen, wenn das Licht des Sommers intensiver wird. Das gedämpfte Licht einer flachstehenden Sonne hat eine ganz andere Wirkung als das grelle Licht der Mittsommersonne. Die Blattschirme des Sommerlaubes können dieses dämpfen und filtern. Farbe ist von Jahreszeit zu Jahreszeit, von Tag zu Tag, von Stunde zu Stunde, und sogar von Person zu Person verschieden. Sie ist eine sehr subjektive Angelegenheit. Das Wechselspiel von Licht auf dem Hostablatt ändert sich mit der Struktur oder Färbung der Pflanze. Einige Farben wirken miteinander viel besser – die grauen und blauen Töne mit Schattierungen von Rosa, und weiße oder gelbe Töne mit Blau und Weiß.

## VERWENDUNG VON BUNTEN BLÄTTERN

Viele Hosta-Sorten haben bunte Blätter. Die Ränder können grün, blau, gelb, cremefarben oder weiß sein. Die Blattmitte kann die gleichen Farben haben, und diese können in nahezu jeder Kombination auftreten. Wenn man eine goldene Mitte mit einem grünen Rand benötigt, sind *H.* 'Gold Standard' oder *H.* 'September Sun' zu nehmen, wenn eine blaugerandete mit einer cremegelben Mitte verlangt wird, dann ist *H.* 'Frances Williams' die richtige Sorte.

Panaschierte Blätter sind dominant und müssen daher sorgfältig verwendet werden. Sie brauchen schlichte Nachbarn oder solche, die das Farbthema wiederholen. Zu viel Panaschierung ergibt ein wahlloses Durcheinander, wobei das Auge sich nicht auf einen Punkt konzentrieren kann. Eine einzige grünweiße Hosta aber, die aus einem Meer von Filigranfarnen ragt, wirkt beruhigend. In einem begrenzten Schema ist das Verwenden von Panaschierung in verschiedenen Abstufungen manchmal sehr wirkungsvoll. So paßt *H. undulata* 'Albo-marginata' (*H.* 'Thomas Hogg') vor *Euonymus fortunei* 'Emerald Gaiety'. Das größere Blatt der Hosta wird durch das viel kleinere des Strauches wiederholt. Dieser Kontrast von Größe oder Form ist bei einer Mischung von buntblättrigen Pflanzen sehr wichtig. Ein Hintergrund von goldlaubigem Efeu, der eine Mauer einspinnt, kann durch eine Hosta mit goldgelber Panaschierung, aber nicht durch *H.* 'Francee' mit ihrem sehr scharf abgegrenzten weißen Rand ergänzt werden.

Weißbunte Hosta werden am besten nicht mit gelben oder gelbbunten Sorten zusammen verwendet, da sich die Gesamtwirkung auflöst. Andererseits kann man sich Pflanzschemen ausdenken, in denen Hosta Verwendung finden, die im Frühjahr gelbgerandet und später creme- oder weißgerandet sind. Die gelben Töne geben dabei die Wirkung im Frühlingsgarten, und die weißeren die Sommerwirkung wieder.

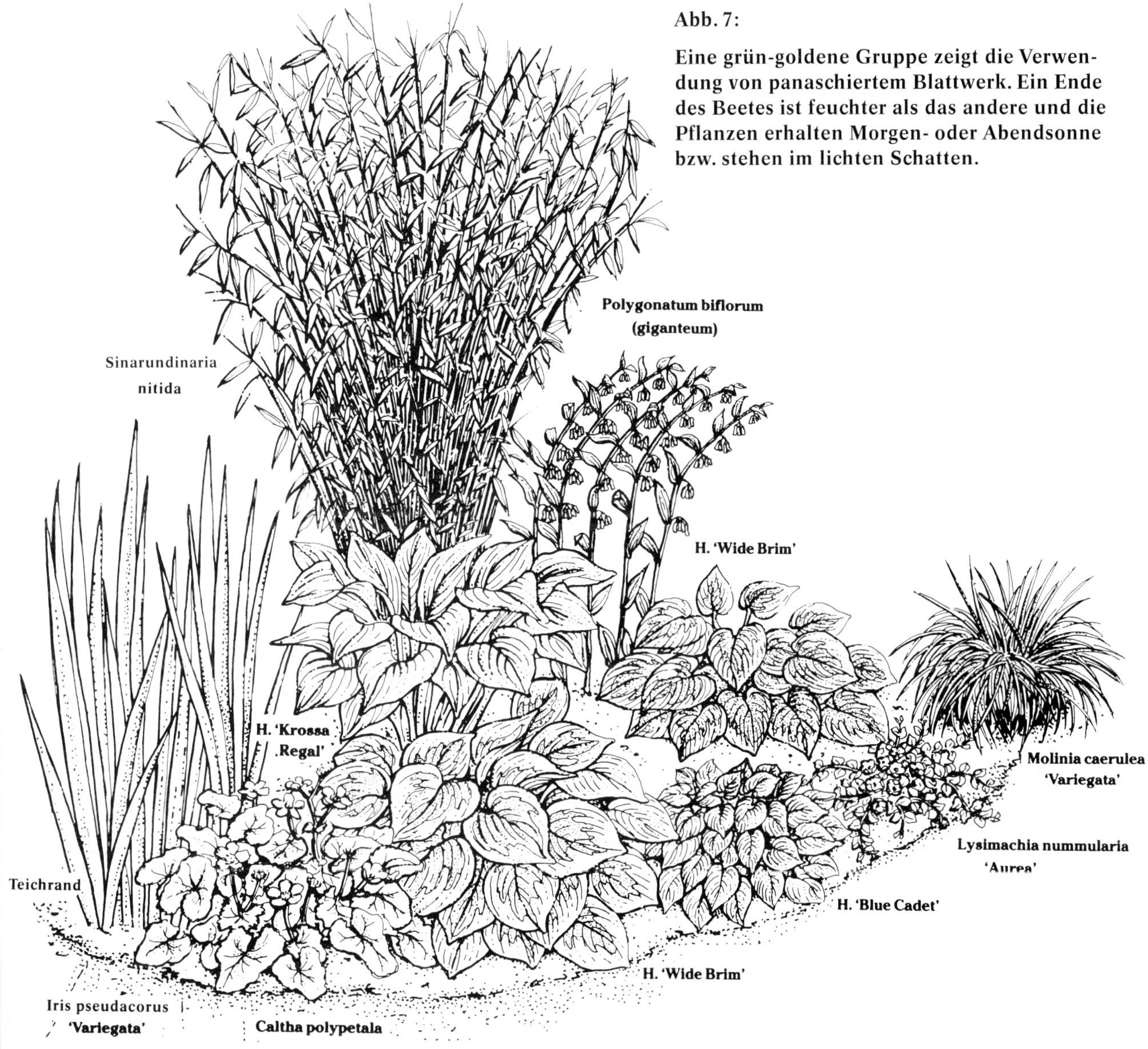


**Abb. 7:**

**Eine grün-goldene Gruppe zeigt die Verwendung von panaschiertem Blattwerk. Ein Ende des Beetes ist feuchter als das andere und die Pflanzen erhalten Morgen- oder Abendsonne bzw. stehen im lichten Schatten.**

Hosta-Sorten mit ausgeprägter weißer Panaschierung über die ganze Vegetationszeit benötigen einige schlichte Nachbarn. Sie sollten mit Pflanzen vergesellschaftet werden, die eine weiße, aber keine gelbe Panaschierung besitzen.

Buntblättrige Pflanzen sind kein Universalmittel für interessante Gärten. Sie geben bei sorgsamer Anwendung Blickpunkte ab und sehen dann auch sehr wirkungsvoll aus. Aber bei wahllosem Einsatz sieht es oft nach einem Durcheinander aus. Weiße Blüten mit weißer Panaschierung und gelbe Rispen mit goldener Panaschierung ergänzen sich: *Ligularia przewalskii* 'The Rocket' mit *H. fortunei* 'Aureo-marginata' und *Iris pseudacorus* 'Variegata' zusammengepflanzt, bildet eine sehr wirkungsvolle Gruppe. Im Sommer intensivieren die hohen, schwarzstieligen, gelben Rispen den Goldrand der Hosta, während die goldgelben Streifen der Iris zu Grün verblassen. Früher im Jahr dürfte die Iris mit ihren lebhaft gold und grün gestreiften schwertförmigen Blättern gegenüber dem Busch der grünen Ligularie mit ihren eingeschnittenen Blättern und gegenüber der abgerundeten Form der Hosta die am stärksten dominierende Pflanze sein. Eine feinere Wirkung ergibt sich aus der Pflanzung von *Aruncus dioicus* 'Glasnevin' mit *H.* 'Sugar and Cream'. Das Grün beider Pflanzen neigt sich mehr dem Gelb zu und die Blütenrispen des Geißbartes sind nicht rein weiß, sondern haben cremefarbene Untertöne wie der Rand der Hosta. So ergänzen sich beide Pflanzen völlig.

Abb. 7 gibt ein Beispiel, wie man buntblättrige Pflanzen verwenden kann. Dieses gilt ebenso für eine Rabatte mit einem gold-grünen Thema. Das Beet liegt im Halbschatten, wobei ein Ende an einen Teich oder an ein Gebiet mit feuchtem Boden grenzt, das mit *Iris pseudacorus* 'Variegata' und *Caltha polypetala* bepflanzt ist, deren schlichtgrüne runde Blätter die Iris betonen. *H.* 'Wide Brim' mit cremegelben Bändern am Rand hat eine der Iris sehr ähnliche Panaschierung, aber eine ganz verschiedene Blattform. Sie hat ebenfalls schlichte Nachbarn wie *H.* 'Krossa Regal', den überhängenden Bambus und das hohe Salomonssiegel als frühen Blickfang, das mit grünweißen Blüten geschmückt ist und eine dem Bambus ähnliche, aber viel kleinere Wuchsform besitzt. Wenn die Vegetationszeit voranschreitet, wird der cremegelbe Rand der Hosta heller. Er betont dann die creme und grün gestreiften Blätter der Molinia und steigert die Wirkung ihrer zierlichen Rispen vollkommen.

**Bild auf Seite 34:**
**Ein prächtiger Busch von *H. sieboldiana* 'Elegans' mit üppig wachsenden und feuchtigkeitsliebenden Stauden im Garten von Derek Fox in Essex, Großbritannien.**

Obwohl Molinia normalerweise in voller Sonne gezogen werden, wachsen sie auch im Halbschatten zufriedenstellend, solange sie für einen Teil des Tages Sonne bekommen und wie die Hosta in fruchtbarem Boden stehen. Ihre Panaschierung wirkt besonders gut in Gemeinschaft mit einer Reihe buntblättriger Hosta mit cremegelben Rändern wie *H.* 'Shade Fanfare' und *H. fluctuans* 'Variegated'.

## Weiße Gärten

Hosta-Sorten mit Weiß in ihrem Blattwerk wachsen viel besser im Schatten und können daher auch in ziemlich dunklen Ecken aufhellend wirken. Sie werden gewöhnlich nur selten blühen, so daß sogar der Purist bei falschem Farbton nur wenige Blütenstiele abschneiden muß. Einige Hosta haben weiße Blüten. Wenn man aber mit ihnen gestalten will, spielt die Farbe des Laubes die größere Rolle. Ein großer goldener Busch mit weißen Blüten würde in einem grün-weißen oder einem grau-weißen Schema stören, während die nicht weiß blühende *H.* 'Francee' mit ihrem ausgezeichneten grünen und weißen Laub in einem solchen Schema viel besser wirken würde. Blaugraue Blätter sind häufig Bestandteil eines weißen Gartens und die meisten blauen Hosta lassen sich dafür verwenden. Einige besitzen auch weiße Blüten.

Sogar innerhalb weißer Gärten gibt es zarte Töne von anderen Farben – einige weiße Blüten sind papierweiß, während die meisten Tönungen von Gelb, Rosa oder Blau besitzen. Hosta lassen sich für die verschiedenen Schattierungen auswählen, indem man blaue Blätter mit lavendel und rosa Tönen oder grüne und cremefarbene mit den gelbstichigen Weißtönen verwendet. An schattigeren Stellen sind Hosta von unschätzbarem Wert. Sie sind die idealen Begleitpflanzen zu einer ganzen Reihe von weiß blühenden Stauden wie z.B. *Dicentra spectabilis* 'Alba', *Pulmonaria* 'Sissinghurst White', *Astrantia major* 'Shaggy', *Polygonatum falcatum* 'Variegatum' und *Chelone obliqua* 'Alba'. *H. crispula* mit ihren weißgerandeten, grünen Blättern gibt in guter Kultur, mit Salomonssiegel und Maiglöckchen zusammengepflanzt, ein schönes Bild ab. *Miscanthus sinensis* 'Variegatus' mit seinem überhängenden, grünen und weißen Laub, *Iris foetidissima* 'Variegata' und *Iris foetidissima* 'Fructu-alba', im Herbst mit entzückenden weißen Früchten beladen, können zum Schaffen senkrechter Akzente dazugesetzt werden. *H.* 'Snowden' und *H.* 'Royal Standard' mit duftenden Blüten gehören beide zu den besten weißblütigen Hosta-Sorten, die sich großzügig in breiten Gruppen pflanzen lassen.

Abb. 8 zeigt ein sehr einfaches, aber wirkungsvolles Beispiel für eine weiße und grüne Blattpflanzung in einer schattigen Ecke. Eine kleine Gruppe von *Cornus alba* 'Elegantissima' ist mit *Helleborus foetidus* unterpflanzt, wobei im frühen Frühjahr die roten Zweige mit den roten Blütenrändern der stinkenden Nieswurz im Kontrast stehen. Die köstlich duftende Narzisse 'Thalia' blüht gerade, wenn die Blätter der Hosta aus dem Boden spitzen. *H.* 'Francee' hat auffällige rote Triebe beim Austrieb. Wenn der Hartriegel sich mit grün-weißen Blättern bedeckt, schiebt die Hosta ihren grünen und weißen Blattbusch hoch. Die Farne geben durch ihre Blattform Kontrast zu den anderen Pflanzen, und *Geranium phaeum* 'Album' trägt im Sommer zarte weiße Blüten.

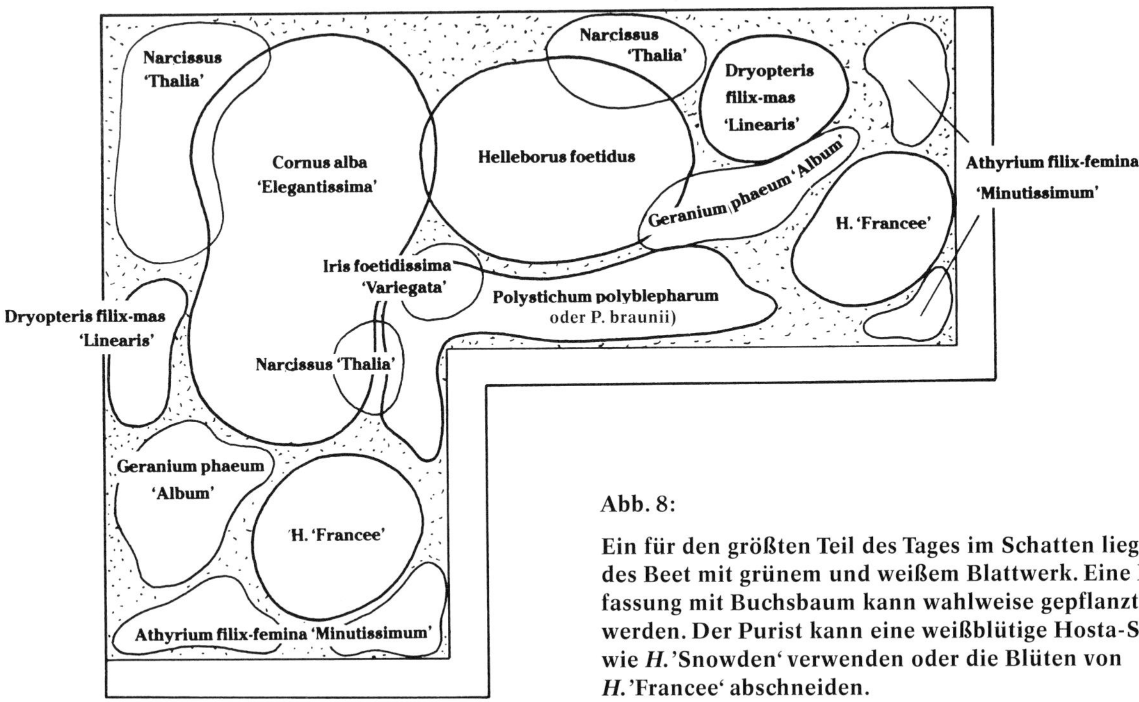


**Abb. 8:**

**Ein für den größten Teil des Tages im Schatten liegendes Beet mit grünem und weißem Blattwerk. Eine Einfassung mit Buchsbaum kann wahlweise gepflanzt werden. Der Purist kann eine weißblütige Hosta-Sorte wie *H.* 'Snowden' verwenden oder die Blüten von *H.* 'Francee' abschneiden.**

**Weiß- oder nahezu weißblühende Hosta für einen weißen Garten**

'Blue Angel'
'Blue Seer' (siehe *H. sieboldiana* 'Elegans')
'Carrie Ann'
'Emerald Isle' (siehe *H. sieboldii*)
*kikutii* 'Pruinose'
'Louisa' (siehe *H. sieboldii*)
'Love Pat'
'Osprey'
*plantaginea*
'Royal Standard'
'Sea Lotus Leaf'
*sieboldiana* (einige Formen)
*sieboldii* 'Alba'
'Snow Cap'
'Snowden'
'Snowflakes' (siehe *H. sieboldii* 'Alba'*)
'So Sweet'
'Sugar and Cream'
*tokudama*

* in Kapitel 6

## Grüne Gärten

Es gibt bei den Hosta viele unterschiedliche Grünschattierungen: *H. montana* hat große, glänzende Blätter, *H.* 'Black Hills' kommt mit sehr dunkelgrünem gehämmertem Blattwerk zum Vorschein und *H.* 'Jade Scepter' hat eine blasse, grünlichgelbe Färbung. Ein Schema mit vorwiegend grünem Blattwerk wirkt durch Kontraste in der Blattform, wobei vertikale Akzente von Pflanzen wie Taglilien, Iris und Gräsern sehr wichtig sind. Blätter beherrschen das Schema, obwohl auch Blüten durchaus willkommen sind. Grüne Rabatten können sehr beruhigend wirken, besonders in der Nähe von Bauwerken oder in schattigen Ecken. Ziegel, Pflastersteine und Holz werden durch die Einfachheit einer grünen Pflanzung ergänzt, das Blattwerk muß aber interessant sein.

Eine gute Sommerwirkung kann durch Hosta, Frauenmantel, Farne, *Ligularia*, Bambus und Gräser sowie durch Immergrüne wie *Itea ilicifolia*, *Osmanthus heterophyllus*, *Viburnum tinus*, Lenzrosen, Liriope, Dicknarbe (*Pachysandra*) und Schleimbeeren (*Sarcococca*) erzeugt werden. Falls der Boden sauer ist, werden auch Rhododendren, Kamelien und *Trochodendron aralioides* gut wachsen. Viele dieser Pflanzen haben grünliche Blüten. Durch diesen Umstand läßt sich das grüne Thema weiter ausdehnen.

Man stelle sich einen Hintergrund von *Garrya elliptica*, *Hedera colchica* 'Paddy's Pride' und *Hydrangea petiolaris* vor, kombiniert mit wirkungsvollen Immergrünen wie *Daphne laureola*, *Helleborus argutifolius*, *Helleborus orientalis* mit grünen und weißen Blütenschattierungen und *Iris foetidissima* mit glänzendem Laub vor. Die grünlichgelben Stämme von *Cornus stolonifera* 'Flaviramea' lassen sich mit *Narcissus cyclamineus* 'Jenny' und *H. fortunei* 'Aureo-marginata' unterpflanzen. *Liriope muscari*, *Ajuga reptans* 'Alba', Bischofsmütze (*Mitella*), Haselwurz und niedriger wachsende Bergenien könnten als Decke zwischen den kleineren Hosta-Sorten dienen. Die Farnsorte *Dryopteris filix-mas* 'Linearis' mit ihren dünnen, aufrechten und fein zerschnittenen Wedeln sowie *Digitalis lutea*, ein ausdauernder Fingerhut mit kleinen cremegelben Blüten, können eine tadellose Einfassung für die Hosta abgeben. Das Beet hat eine gedämpfte Wirkung und ist eine Oase in Grün.

## Goldgelbe Gärten

Die am besten bekannte goldblättrige Hosta ist *H. fortunei* 'Aurea'. Sie ist zwar im Frühjahr gelb, vergrünt aber im Laufe des Sommers. Die meisten der neueren goldenen Hosta halten ihre goldene Färbung über die ganze Vegetationsperiode hinweg. Sie benötigen etwas Sonne, um sich auszufärben, aber nicht zu viel – lichter Schatten ist ideal. Ohne Schutz verbrennen die Blätter und nehmen eine papierweiße Färbung an, während sie bei zu viel Schatten grünlichgelb werden. Manchmal ist diese Farbe in tiefem Schatten sehr nützlich, da sie einen aufhellenden Effekt ergibt. Man kann also goldene Hosta in den Schatten pflanzen, um dies zu erreichen. Als allgemeine Regel gilt: je dicker das Blatt, desto mehr Sonne benötigt es zur Ausfärbung. *H.* 'Sum and Substance', *H.* 'Midas Touch', *H.* 'Gold Edger', *H.* 'Golden Medallion' und *H.* 'Gold Regal' werden alle an sonnigen Stellen außer in den heißesten Klimagebieten wachsen, solange der Standort feucht ist. *H.* 'Piedmont Gold' jedoch hat eine dünnere Blattstruktur und muß stets etwas Schatten haben.

Eine Rabatte, die nur aus goldenen Hosta besteht, könnte leicht monoton wirken. Mit Grün und grün-goldener Panaschierung verwendet, können sie aber sehr wirkungsvoll sein. Es gibt viele gelbblühende Pflanzen, die sich mit Hosta zusammenpflanzen lassen, wie *Hemerocallis*, *Ligularia*, Frauenmantel und einige Iris. Abb. 9 zeigt einen Vorschlag für ein feuchtes Beet in lichtem Schatten, vielleicht am Rande eines Teiches. Die Pflanzung paßt sich auch an die formale Gestaltung eines Innenhofes an. Die meisten Pflanzen mit Ausnahme der Hosta können ebenso in der Sonne wachsen, solange der Boden feucht ist. Dies läßt sich durch Pflanzung der Hosta auf die Schattenseite von *Ligularia przewalskii* 'The Rocket' und *Miscanthus sinensis* 'Zebrinus' ausnutzen. *Cortaderia selloana* 'Gold Band' dürfte gleichermaßen wirkungsvoll sein, braucht aber mehr Sonne als das Chinaschilf.

Die Ligularie besitzt einen ausgezeichneten Busch von großen, runden, gesägten, grünen Blättern. Im Spätsommer tragen sehr hohe schwarze Stengel leuchtend gelbe Blüten. Sie ist eine Pflanze für eine Solitärstellung in einem Sumpfgarten oder in der Nähe eines Gartenpools in einem modernen Rahmen, vielleicht mit großen Flußkieseln abgedeckt. Sie bildet die vollständige Einfassung zu *H.* 'Gold Standard', die etwas Schatten benötigt, um nicht zu verbrennen, aber ohne genügend Licht nicht ausfärbt. *Alchemilla mollis*, eine unersetzliche Pflanze mit rundlichen samtigen Blättern, in einem kleineren Maßstab als bei der Ligularie geformt, hat Blütenstände mit lindgrünen Blüten für Wochen im Mittsommer. Ihr Hang zur Selbstaussaat kann ausgenutzt werden, indem man sie sich mit der Rabatte verflechten läßt. Der zierliche Busch des Chinaschilfs besitzt die goldenen Bänder an seinen schmalen grünen Blättern, die durch die zwei goldenen Hosta-Sorten betont werden. In einem formellen Schema können diese als separate Gruppe mit Frauenmantel und Taglilien gepflanzt und mit Kieseln bedeckt werden. Goldgelbe Narzissen und Winterlinge könnten für einen frühzeitigeren Blühtermin sorgen.

Eine gemischte Anpflanzung von Grün und Gold könnte für ein Beet wirkungsvoll sein, das Morgen- oder Abendsonne erhält. *Cornus alba* 'Aurea', *Iris foetidissima* und *Bergenia* 'Bressingham White' könnten die Wintersaison interessanter machen, bevor die Hosta im Frühjahr austreiben. *H.* 'Sum and Substance' mit ihrem stark architektonischem Blattbusch kann man für Einzelstellung anpflanzen. Andere goldene Hosta-Sorten mit großen Blättern könnten *H.* 'Sea Gold Star', *H.* 'Midas Touch' und *H.* 'Zounds' einschließen (*H. tokudama* 'Aureo-nebulosa' und *H.* 'Frances Williams' lassen sich ebenfalls einfügen, aber es ist wichtig, daß die Panaschierung nicht überwiegt). *H.* 'Golden Prayers', *H.* 'Gold Edger' und *H.* 'Hydon Sunset' lassen sich alle als Einfassung und Bodendecker verwenden. *Alchemilla xanthochlora* wächst zierlicher und in einem grüneren Ton als der gewöhnliche Frauenmantel *Alchemilla mollis*. Sie kann vollkommen mit *H.* 'Chinese Sunrise' kontrastieren, während der leicht grüne Ton innerhalb des weißen Randes von *H.* 'Moonlight' durch die dunklen, glänzenden Wedel von *Polystichum braunii* verstärkt wird.

**Bild auf Seite 39:**
***H.* 'Gold Standard' ist sowohl im Garten als auch in einem Topf eine Zierde. Sie sollte so gestellt werden, daß ihre Blätter genug Sonne zum Ausfärben erhalten, sie dürfen aber nicht verbrennen.**

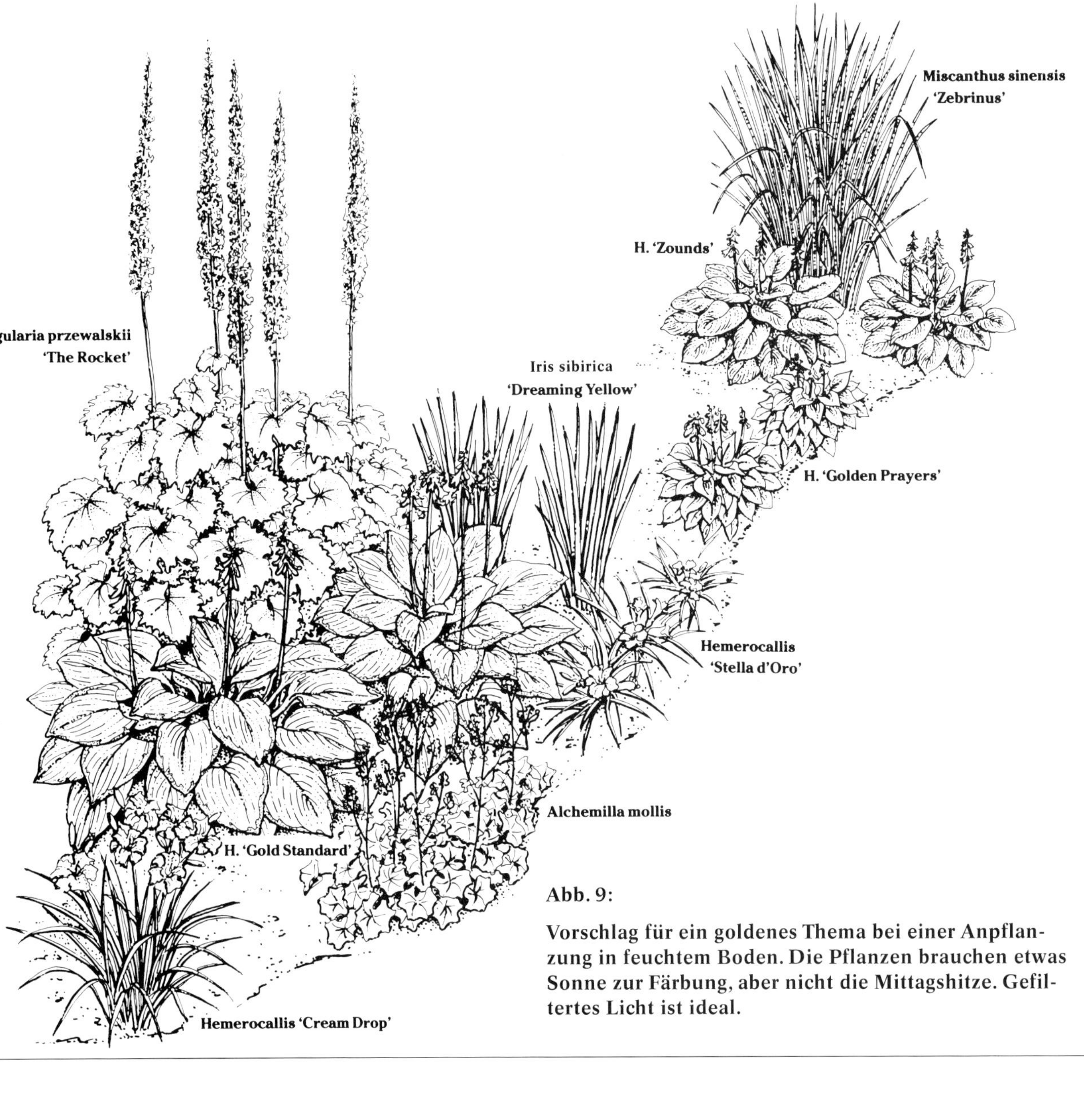


**Abb. 9:**

**Vorschlag für ein goldenes Thema bei einer Anpflanzung in feuchtem Boden. Die Pflanzen brauchen etwas Sonne zur Färbung, aber nicht die Mittagshitze. Gefiltertes Licht ist ideal.**

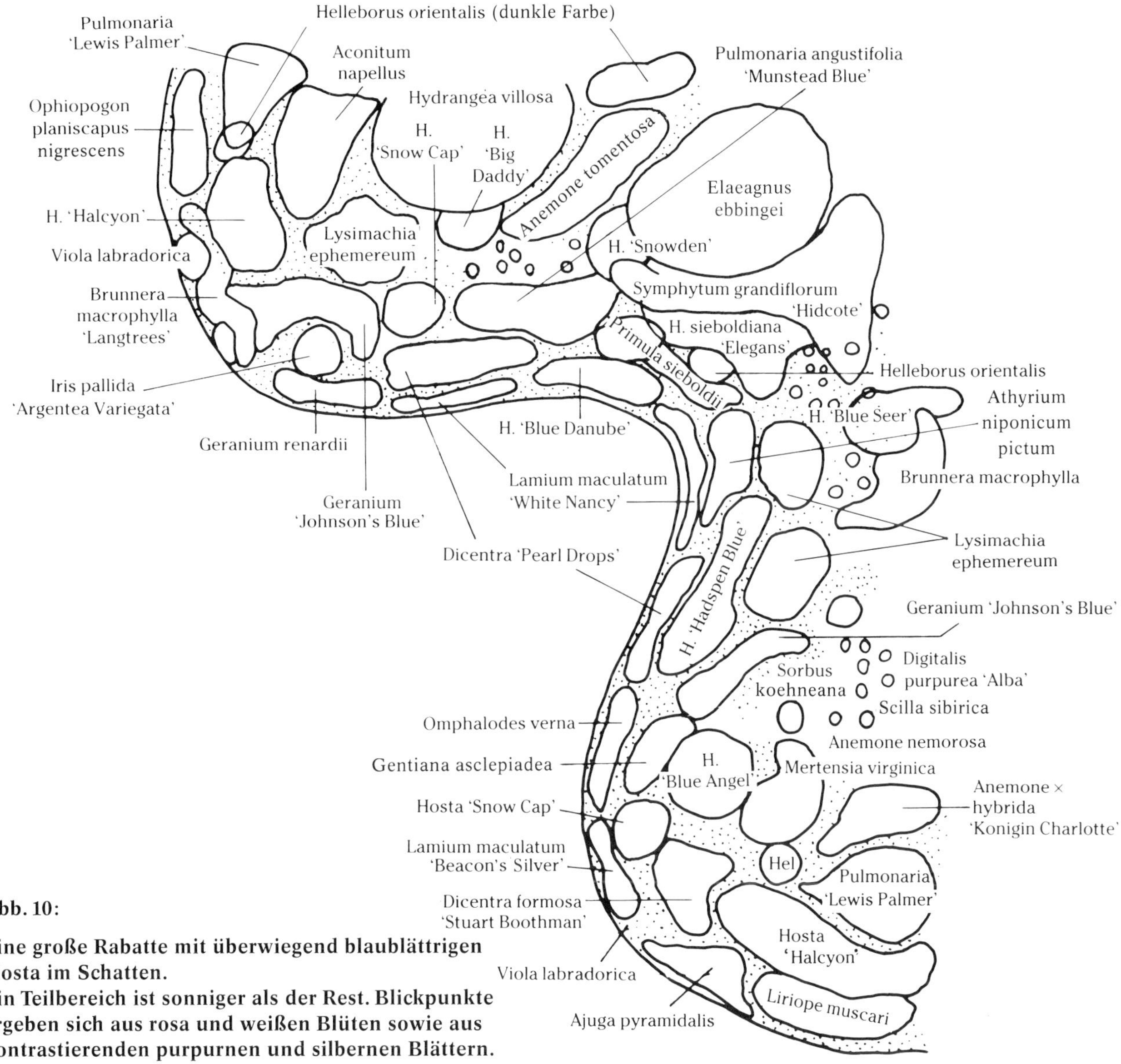


**Abb. 10:**

**Eine große Rabatte mit überwiegend blaublättrigen Hosta im Schatten.**
**Ein Teilbereich ist sonniger als der Rest. Blickpunkte ergeben sich aus rosa und weißen Blüten sowie aus kontrastierenden purpurnen und silbernen Blättern.**

## Blaue Gärten

Es gibt viele ausgezeichnete Hosta-Sorten mit blauen Blättern. Sie müssen aber im Halb- oder Vollschatten kultiviert werden, um ihre Farbe zu behalten. Wenn man sie in die volle Sonne pflanzt, werden sie zum Ende der Vegetationszeit grün sein, da der wachsartige Überzug auf den Blättern verschwunden ist. In Gebieten mit kühlem Klima behalten blaue Hosta an offenen Plätzen oft ihre Färbung bis zum Ende der Vegetationszeit. Je heißer das Klima, desto schattiger müssen sie stehen, um ihr Blau zu behalten. Die Auswahl an einheitlich blauen Hosta ist sehr umfangreich, aber die Anzahl an blauen Hosta mit Panaschierung umfaßt bislang nur wenige Sorten. Die am besten bekannte ist *H.* 'Frances Williams'. Andere Sorten, nach denen man Ausschau halten sollte, sind u.a. *H. tokudama* 'Aureo-nebulosa', *H.* 'Regal Splendor', *H.* 'Snow Cap' und *H.* 'Pizzazz'.

Die Wirkung von blauen Blättern ist von der einer „blauen" Rabatte an sonniger Stelle sehr verschieden, wo Blüten dominieren. Hier kommt es auf die richtige Kombination mit Pflanzen, die zarte Blüten entwickeln, an. Blaues Blattwerk benötigt Farbkontraste, wie die Beipflanzung von *H.* 'Halcyon' zu *Heuchera micrantha* 'Palace Purple' und *Ajuga pyramidalis* 'Metallica Crispa', oder Formkontraste wie von *Liriope muscari*, deren bläuliche Blütenstände und riemenartige Blätter sich gegen die rundlichen Büsche der Hosta absetzen. *Lysimachia ephemerum*, die nicht immer sehr einfach zu plazieren ist, offenbart ihre vornehme Schönheit in Verbindung mit blauen Hosta und dem Farn *Athyrium niponicum* 'Pictum', dessen spitzenartige Wedel mit Grau und Purpur schattiert sind. Weiße, rosa, lila und purpurne Töne hellen die Gesamtwirkung in derselben Weise auf wie goldene und weiße Töne in einem blau-goldenen Schema.

In Abb. 10 liefert *Elaeagnus ebbingei* einen immergrünen silbrig-grünen Hintergrund, während die bläulich schattierten, gefiederten Blätter der Eberesche (*Sorbus*) und das pelzige graugrüne Blattwerk der Hortensie die unteren Schichten der Rabatte ergänzen. Im Frühjahr blühende Stauden wie Lungenkräuter, Lenzrosen und *Scilla* werden wie auch die später blühenden Pflanzen, so z.B. Eisenhut, zum Hintergrund der Rabatte gepflanzt. Blaulaubige Hosta, weiße Fingerhüte und Lilien beherrschen die Szene im Sommer. Diese Bepflanzung sollte man idealerweise aus einer gewissen Entfernung anschauen, wobei die Blau- und Weißtöne in einen Rahmen von immergrünen Büschen und laubabwerfenden Bäumen eingefaßt und gegen eine mit Grün eingesponnene schattige Mauer oder eine Eibenhecke abgesetzt sind. Viele der angegebenen Pflanzen können ineinander wachsen, wobei Tränende Herzen die sich aufrollenden Blätter der Hosta umsäumen. Deren Stelle nehmen nach dem Einziehen Schwalbenwurzenzian (*Gentiana asclepiadea*), Eisenhut und *Anemone tomentosa* 'Robustissima' ein.

Der Frühlingsgarten läßt sich durch goldgelbe Narzissen noch weiter beleben. Gute Wirkung erreicht man auch im Frühjahr durch blaue und goldene Farbtöne, die später von blauen, purpurnen, rosafarbenen und weißen Tönen abgelöst wird. Farbschemen mit Blau brauchen eine Feinabstimmung, da die Wirkung des Lichtes die vielen Schattierungen intensivieren oder auflösen kann. Einige Blautöne sehen zusammen wundervoll aus, während andere absolut nicht zusammenpassen. Der Einschluß von Blüten mit verschiedenen Abstufungen im Ton und großzügige Hosta-Gruppen bringen in der Regel Zusammenhalt. Dabei dienen die Hosta als Einfassung und Bindeglied zu nahezu allen nicht gut passenden Elementen unter den anderen angepflanzten Pflanzen.

**Bild auf Seite 42:**
**Bei vollständiger Bodenbedeckung wird die blaue Farbe von *H.* 'Halcyon' durch das Grün und Gold des Bambus (*Arundinaria viridistriata*) intensiviert.**

# KAPITEL 4

# Die Verwendung von Hosta als Topfpflanzen

Die meisten Hosta geben hervorragende Topfpflanzen ab, wobei sie für ein weites Spektrum an Ziergefäßen passen. Über viele Jahre habe ich eine beträchtliche Anzahl von Hosta-Sorten als Muster im Topf – hauptsächlich für Ausstellungen – gezogen, und dabei eine Haßliebe zu einigen von ihnen entwickelt. Einige wachsen besser im Topf als im Freiland. Bei einigen anderen aber gibt es Probleme, wenn man sie länger als vier oder fünf Jahre in einem Gefäß kultivieren will.

Große Sorgfalt sollte nicht nur in die Auswahl der Hosta-Sorten gelegt werden, sondern ebenso in die Wahl der Gefäße und in die Position im Garten. Ohne Rücksicht auf den Zierwert des Gefäßes ist es sehr viel leichter, eine Hosta in einem Plastiktopf zu ziehen, der eine dem Wuchs der Pflanze angemessene Größe besitzt. Den Topf kann man in einen dekorativen Kübel stellen und diesen mit Kieseln oder einem anderen Pflanzsubstrat so auffüllen, daß der Innentopf verdeckt ist. Im Winter kann die Hosta samt Topf entfernt und etwas Interessanteres an ihrer Stelle eingesetzt werden. Falls Umtopfen oder eine andere Pflegearbeit nötig ist, läßt sich dies viel einfacher mit einem billigen Plastiktopf als in einem wertvollen Kübel erledigen.

Hosta vertragen weder Wind noch Sonnenhitze. Sonne am frühen Morgen oder am Abend schadet viel weniger und wird bei einigen Sorten sogar zur Färbung benötigt. Ein einzeln stehender Topf ist den Naturelementen stärker ausgeliefert, da er nicht den Schutz von Nachbarpflanzen hat. Gefäße lassen sich überall im Garten aufstellen, bleiben aber wegen des Wässerns meist in der Nähe des Hauses.

Hosta-Sorten mit in Stufen herabhängenden Blattbüschen sind besonders wirkungsvoll und können oft allein oder als kleine Gruppe dastehen, um eine bestimmte Wirkung in der Gestaltung zu unterstreichen. *H.* 'Green Fountain' sieht sehr elegant aus. Ihre Form wird in einem Topf vollkommen zur Schau gestellt. Sie benötigt aber viel Platz, da sie sonst leicht beschädigt wird. Andere Sorten müssen in Gruppen aufgebaut werden, wobei jede Pflanze zum Nachbarn sorgfältig ausgewählt wird. Der Hintergrund sollte immer als Teil der Gesamtgestaltung betrachtet werden. *H.* 'Gold Standard' ist als Einzelpflanze in einem Topf oder Kübel ausgezeichnet geeignet. Sie zeigt sich grün beim Entfalten der Blätter und leuchtend gold mit einem grünen Rand bei späterem Stand im lichten Schatten. Wenn sie gegen einen grünen Hintergrund oder eine dunkel getönte Ziegelwand gestellt wird, wird sie jedem in die Augen fallen. In der Nähe einer rosa gestrichenen Mauer würde dies aber schrecklich aussehen. In diesem Fall ist es viel besser, eine einfarbige grüne oder blaue Sorte zu nehmen. So würde z. B. *H.* 'Snowden' mit großen graugrünen Blättern und weißen Blüten nicht unpassend sein. Außerdem scheint sie in einem Topf besser als im Freiland zu wachsen.

Buntblättrige Hosta im Topf müssen ebenso sorgfältig wie im Garten aufgestellt werden. Die unkompliziertesten sind die Sorten mit weißer Panaschierung. *H.* 'Francee' wächst sehr gut in einem Topf und sieht gegenüber fast jedem Hintergrund gut aus. Grün-gelbe oder blaugelbe Panaschierung aber bedarf einer genaueren Überlegung. Allgemein ist es besser, nur eine Sorte im Topf zu halten. Wenn das Gefäß für die Aufnahme anderer Pflanzen groß genug zu sein scheint, müssen diese sorgfältig ausgewählt werden. Kleine Farne, kriechendes Pfennigkraut, Immergrün (*Vinca minor*) und kriechende Efeusorten können mit der Hosta kombiniert werden.

Goldene Hosta-Sorten sind nicht einfach zu stellen. Einige wachsen auch über längere Zeit nicht so gut in Töpfen. *H.* 'Sum and Substance' mit riesigen, grünlichgelben, schirmartigen Blättern kann neben einem Bambus in einer Ecke mit etwas Sonne prächtig aussehen, vorausgesetzt, der Kübel ist einfach im Design und hat ausreichende Abmessungen.

Stadtgärten haben oft schattige Ecken oder sogar Stellen, wo keine Sonne hinkommt. Der Boden, wenn überhaupt vorhanden, ist oft sehr schlecht und die einzige zufriedenstellende Möglichkeit, Pflanzen zu halten, besteht in der Kultur in Gefäßen. Sie kann von winzigen Töpfen bis hin zu großen, erhöhten Beeten gehen. Hosta sind die idealen Pflanzen für diese Art von Gärten, besonders bei Zusammenpflanzung mit anderen schattenliebenden Stauden und Gehölzen wie Farnen, Bambus, schlitzblättrigen Ahornen und großblättrigen Immergrünen.

Die beliebteste Hosta für Topfkultur in Japan ist *H. fluctuans* 'Variegated', die bei uns immer noch selten ist. Sie sieht in einem großen glasierten Topf sehr dekorativ aus und bildet einen ausgezeichneten Blickfang in einem Innenhof.

Der Begriff „Gefäß" muß sich nicht auf Töpfe beschränken. Spezielle Pflanzeinrichtungen aus Ziegelsteinen, Bahnschwellen oder Holz lassen sich in einen Terrassenplatz einfügen. Diese sollten genau wie eine kleine Rabatte behandelt werden. Sie eignen sich nur für Hosta, wenn sie für den heißesten Teil des Tages im Schatten stehen. In einem viel kleineren Maßstab paßt ein tiefer Steintrog für die Miniatursorten von Hosta.

Wenn der Pflanzbereich klein ist, muß eine sorgfältige Auswahl von Pflanzenmaterial und Gefäßen getroffen werden. Die Gefäße müssen nicht nur mit den Hosta, sondern auch mit ihresgleichen im Gleichgewicht stehen. Pflanzgefäße können moderne Architektur mildern. Sie passen bei feinfühligem Gebrauch auch zu Altbauten. Aber beim Verwenden von zu vielen Stilrichtungen und unterschiedlichen, mit einem Pflanzengemisch gefüllten Materialien fehlt der Zusammenhalt genauso wie bei einer ähnlichen Anpflanzung im Garten.

Wirkungsvolle kleine Gruppen lassen sich durch Aufstellen der Töpfe auf Kopfsteinpflaster oder durch Einfügen kleiner Wasserschalen oder Vogeltränken wie in Abb. 5 (Seite 25) erzielen.

Duftende Sorten wie *H.* 'Summer Fragrance', *H.* 'So Sweet', *H.* 'Invincible' und *H.* 'Sugar and Cream' wachsen besonders gut in großen Gefäßen. Wenn diese in Sitzplatznähe aufgestellt werden, wird die Luft während der Blütezeit im Spätsommer mit köstlichem Duft erfüllt sein.

Hosta in Gefäßen brauchen viel regelmäßigere Pflege als solche im Freiland (siehe dazu Kulturhinweise im nächsten Kapitel). Das ist besonders in den ersten Jahren wichtig, wenn sich zeigt, daß eine ausgewählte Pflanze im Topf viel besser wächst als eine im Freiland ausgepflanzte von ähnlicher Größe. Mit Ausnahme der Sorten, die *H. sieboldiana* oder *H. tokudama* unter ihren Eltern haben, wachsen fast alle Sorten gut im Topf.

Folgende Hosta sind besonders für Töpfe und Kübel zu empfehlen, wobei einige im Gefäß besser als im Freiland wachsen:

*fortunei* (alle Formen)
'Francee'
'Goldbrook'
'Gold Standard'
'Golden Prayers'
'Golden Tiara'
'Green Fountain'
'Halcyon'
'Hydon Sunset'
'Invincible'
*kikutii* (und ihre Formen)
'Krossa Regal'
*lancifolia* (und ihre Formen)
*minor*
*nakaiana* (und verwandte Hybriden)
'Reversed'
*sieboldii* (und verwandte Hybriden)
'Snowden'
'So Sweet'
'Summer Fragrance'
*undulata* (alle Formen)

## Hosta für Floristen

Die Blätter der meisten Hosta-Sorten lassen sich in Blumenarrangements verwenden. Einige sind dafür besser geeignet. So lassen sich sehr dünne Blätter schwer einfügen. Sie sind auch nicht lange in Wasser haltbar. Die Auswahl ist groß, aber für eine Grundkollektion wünschen sich die Floristen eine bestimmte Anzahl von Blattgrößen und Blattfarben. Viele ziehen ihre Pflanzen selbst in Töpfen, da man so mit Sicherheit einfacher einen Vorrat an unbeschädigten Blättern erhalten kann. Dies ist für die Floristik ja besonders wichtig.

Dieselben Regeln von Farbe, Form und Beschaffenheit gelten in einem Arrangement genauso wie im Garten. Es ist gewöhnlich besser, die Blätter nur von einer Hosta-Sorte statt von vielen verschiedenen zu benutzen. Die einfache Struktur eines Hostablattes gibt eine ausgezeichnete Unterlage für gekräuselte Blüten ab.

Alle Teile einer Hosta lassen sich verwenden, Blätter, Blüten und Fruchtstände, obwohl für den Floristen die Blätter von ausschlaggebender Bedeutung sind. Es ist immer besser, das zu verwendende Material früh am Morgen oder spät am Abend zu ernten, die Stengel einzutauchen, schräg anzuschneiden und an einem kühlen Platz bis zum Gebrauch in Wasser aufzubewahren. Die Blätter dürfen für kurze Zeit sogar vollständig in Wasser getaucht werden, ohne daß irgendein Schaden entsteht. Blüten- und Fruchtstände können auch getrocknet oder in Silikagel aufbewahrt werden. Einige Sorten, wie z. B. *H.* 'Christmas Tree', haben schwarze Fruchtkapseln, und andere, wie z. B. *H.* 'Celebration', besitzen rote. Diese können auch für winterliche Arrangements lackiert werden.

In Kapitel 6 beschriebene Hosta-Sorten, die sich besonders für die Floristik eignen, sind mit einem Stern markiert (obwohl von diesen noch nicht alle leicht erhältlich sind).

**Eine Gruppe für den weißen Garten auf dem Stand von GOLDBROOK PLANTS in Chelsea 1991. *H.*'Gloriosa' (mit dem schmalen weißen Rand) und *H.*'Ginko Craig' bilden die vollkommene Ergänzung zu *Zantedeschia aethiopica* 'Crowborough'.**

KAPITEL 5

# Kultivierung

## Im Garten

In den vorangegangenen Kapiteln haben wir die Bedürfnisse der Hosta an Schatten und Feuchtigkeit behandelt, wenn diese zur Vollkommenheit gezogen werden sollten. Unter weniger guten Bedingungen wachsende Hosta können dennoch befriedigende Gartenpflanzen abgeben, wenn etwas mehr Aufwand betrieben wird. Viele Hosta-Sorten können eine überraschend große Vernachlässigung vertragen, sobald sie ein starkes Wurzelsystem gebildet haben. Sie sind langlebig, relativ leicht zu kultivieren und können viele Jahre ohne Teilung am gleichen Platz verbleiben.

AUSPFLANZUNG

Hosta haben eine Winterruhezeit. Die ideale Pflanzzeit liegt im Frühjahr, wenn die neuen Triebe erscheinen und sich durch die Erwärmung des Bodens schnell neue Wurzeln bilden. Andererseits können sie bei notwendiger Sorgfalt das ganze Jahr über aus- und eingepflanzt werden. Die Herbstpflanzung in feuchtem Boden vor dem Auftreten des ersten Frostes ist mit starken wüchsigen Teilstücke erfolgreich, kann aber nicht für diejenigen Sorten empfohlen werden, die mehr Aufmerksamkeit für ein gutes Anwachsen benötigen. Es ist viel besser, diese in einem frostfreien Gewächshaus oder Kasten zu lassen, damit sie keinen Frost bekommen und verrotten.

Im Topf herangezogene Pflanzen wachsen häufig leichter an. Der Aufwand, neue Teilstücke zu topfen, besonders, wenn sie sehr klein sind, und ihnen dann für ein oder zwei Jahre die optimale Pflege zu geben, wird auf die Entwicklung besserer Pflanzen in kürzerer Zeit hinauslaufen. Sehr kleinwüchsige Hosta-Sorten und solche mit viel Panaschierung und wenig Chlorophyll sollten so behandelt werden, besonders, wenn sie sehr teuer erworben wurden.

Im Topf gekaufte Hosta können den ganzen Sommer hindurch gepflanzt werden, solange sie anschließend gut gewässert werden. Der Vorteil liegt darin, daß sie im Pflanzschema eher an die richtige Stelle gelangen und die Wirkung unmittelbar zu sehen ist, weil sie mit ihren Blättern gepflanzt werden können. Die Wirkung sieht man dann unmittelbar. Einmal gepflanzt, sollten sie bis zur Reife in Ruhe gelassen werden. Es dauert einige Zeit, bis sich die Altersform des Blattes entwickelt hat. Ständiges Teilen oder Stören bedeutet, daß man nie die Schönheit einer ausgewachsenen Hosta-Pflanze sehen kann.

BODENARTEN UND PFLANZSTELLEN

Hosta bevorzugen einen feuchtigkeitshaltenden Boden mit gutem Abzug, der ausreichend organische Substanz enthält. Die schwierigsten Böden sind reine Sand- oder Tonböden, der idealste Boden besteht aus fruchtbarem Lehm. Neutrale bis schwach saure Böden ergeben eine sehr üppige Blattfärbung, besonders bei grünen und blauen Hosta-Sorten. Solange der Boden nicht in dünner Schicht über Kreide steht, wachsen Hosta auch in kalkhaltigen Böden sehr gut. Sandige Böden brauchen eine große Menge an organischer Masse. Bei tonhaltigen Böden ist eine Drainage vorteilhaft. Das Untergraben von grobem Kies und die Zufuhr von Dung wird nach einiger Zeit ein sehr zufriedenstellendes Pflanzsubstrat liefern, da Tonböden gewöhnlich fruchtbar sind. Normalerweise ist genügend Feuchtigkeit vorhanden, sobald die Wurzeln eingewachsen sind.

Gut drainierte, erhöhte und mit torfigen Lehmböden oder sogar Komposterden angefüllte Beete, die ausreichend Feuchtigkeit besitzen und nicht in der glühenden Sonne stehen, sind ideale Plätze für viele der kleineren und oft Ausläufer treibenden Sorten.

Große und stark wachsende Hosta-Sorten brauchen eine intensivere Bodenvorbereitung als kleinbleibende Sorten. Das Pflanzloch sollte in seiner Größe mit der Wuchskraft der Hosta im Verhältnis stehen. Auch sollte ein angemessener Vorrat an Dung oder Kompost zugefügt werden. Die neugepflanzte Hosta möchte aber nicht direkt mit der organischen Masse in Berührung kommen, da zu reichliche Nährstoffe zu braunen, weichen Blättern und durch Zerstörung der Zellstruktur sogar zum Absterben führen können, bevor die Pflanze angewachsen ist. Organischer Dünger wird am besten auf der untersten Schicht des Pflanzloches mit einer Schicht aus Lehm, Blätterkompost oder einem anderen Kompost darüber ausgebracht. Falls die Hosta als Teilstück aus dem Freiland vorliegt, sollte man diese mit ihren Wurzeln über einem kleinen Erdhügel ausbreiten und dann die Erde auffüllen und festigen, wobei die Triebe nahe der Oberfläche liegen sollten.

Wenn die Pflanze aus einem Topf stammt, hilft ein Lokkern der Wurzeln beim Anwachsen. Dies ist besonders wichtig, wenn die Wurzeln im Topf stark verfilzt sind. Ein kleiner Erdhügel wird nicht benötigt, jedoch ist die Festigung des Bodens wichtig. Die Hosta sollte in derselben Bodenhöhe wie im Gefäß eingepflanzt werden.

Nach dem Angießen kann eine Mulchschicht helfen, die Feuchtigkeit zu halten. Im ersten Jahr ist es wichtig, die Pflanze stets mit ausreichender Feuchtigkeit zu versorgen. Hängende Blätter zeigen Trockenheit an. Junge Hosta-Pflanzen wollen aber nicht ertränkt werden. Wenn kein organischer Dung zu bekommen ist, lassen sich Hosta auch in einen guten Kompost setzen, wobei einer mit grober Struktur am besten ist. Düngen kann man mit einer ganzen Reihe von Volldüngern und speziellen Blattdüngern.

Es ist am vernünftigsten, die Blütenstände von jungen Pflanzen zu entfernen, da so die ganze Energie der Pflanze in die Bildung eines guten Wurzelballens geht.

## DÜNGUNG

Hosta wachsen viel schneller, wenn sie regelmäßig gedüngt und gewässert werden. Früh in der Saison sollte die Düngung gering dosiert sein und öfters erfolgen. Dies kann eine Düngung mit Phostrogen (oder einem ähnlichen auch in Deutschland erhältlichen Volldünger) in halber Stärke alle 14 Tage sein. In Gegenden mit kalkhaltigem Wasser kann mit einem Eisen enthaltenden Flüssigdünger gegossen werden.

Ein sehr einfacher Weg, um ganz sicher zu sein, daß die Pflanze eine ausreichende Düngung bekommt, ist die Zugabe von Pellets eines langsam wirkenden Düngers wie Osmocote in den Kompost für das Pflanzloch. Niemals sollte man aber die angegebene Dosierung überschreiten, denn nur ein paar Pellets sind notwendig. Es ist besser, stets weniger als die empfohlene Dosierung zu verwenden, da eine Überdosierung für ganz junge Pflanzen schädlich sein kann. Wenn die Hosta groß und wüchsig ist, ist eine herbstliche Mulchschicht aus gut verrottetem Dünger oder Kompost nach dem sicheren Anwachsen zweckmäßig. Man sollte den Mulch aber nicht über die Triebe packen, die besser mit einer Schicht aus Rinde oder Torf geschützt werden. Je kleiner die Hosta ist, desto weniger Nährstoffe und Wasser benötigt sie. Die allgemeinen Kulturbedingungen nehmen dann an Wichtigkeit zu. Formen von *H. sieboldiana* werden in Tonböden gut wachsen, wenn der Pflanzbereich gründlich vorbereitet wurde. Die viel kleinere *H. venusta* würde aber wahrscheinlich eingehen.

## KULTUR IN CONTAINERN

Die Kultivierung von Hosta in Containern unterscheidet sich etwas von der im Freiland, obwohl dafür einige der gleichen Regeln gelten. Ein neu erworbenes Teilstück oder eine kleine im Topf gezogene Hosta sollte nicht in einen überdimensionales Container gesetzt werden. Mit Fehlschlägen ist sonst zu rechnen. Die Container dürfen auch nicht zu flach sein. Weiterhin ist eine gute Dränage notwendig, um Wurzelfäule durch stagnierende Nässe zu vermeiden.

## AUFPFLANZUNG UND WEITERE KULTIVIERUNG

Ein grober, auf Torfbasis beruhender und im Handel erhältlicher Kompost mit etwa 25 Prozent Splittanteil und einem leicht sauren pH-Wert ist ideal. Hausgemachte Mischungen von fettem Lehm mit Torf, Rindenkompost oder Lauberde, zu denen ungefähr 25 Prozent Splitt oder Perlite gemischt wurden, reichen bei einer turnusmäßigen Düngung lange aus. Bis zu einem Drittel an gut verrottetem altem Pferdemist oder Gartenkompost kann in die Mischung eingearbeitet werden. Das Material darf aber nicht zu frisch sein. Die einfachste Art der Düngung besteht in der Zugabe von Pellets eines Langzeitdüngers in das Kompostsubstrat.Dieser Dünger wird dann durch Wasser und Wärme aktiviert. Die Pflanze kann so die Mengen an Nährstoffen aufnehmen, die sie zum Wachsen braucht. Die Pellets müssen jedes Frühjahr gegeben werden. Man soll aber nicht mehr als die angegebene Menge verabreichen. Jede zusätzliche Düngung kann in flüssiger Form beim Wässern gegeben werden. Dabei sollte man auf das Substrat und nicht auf die Blätter gießen, da diese Flecke bekommen können.

Wenn die Erdmischung etwas flacher als der Topfrand ist, läßt sich ein durchdringender Guß etwa jeden zweiten Tag viel einfacher verabreichen. Das Substrat sollte feucht, aber nicht mit Wasser gesättigt sein. Große Sorgfalt muß man auf das Wässern von oben anwenden, obwohl Regen dabei hilft, die Blätter in Trockenzeiten sauber zu halten. Diese Arbeit muß in Zeiten ohne Sonne durchgeführt werden, da sonst Blattverbrennungen auftreten können. Wassertropfen wirken wie ein Brennglas und verursachen unschöne braune Flecken auf den Blättern. Blaugrünes Blattwerk leidet am meisten unter Wasserflecken, besonders bei kalkhaltigem Wasser. Der Kalkbelag ist dann ohne gleichzeitiges Entfernen der Wachsschicht auf der Blattoberfläche nicht wieder zu beseitigen. Wie schon erwähnt, kann es beim Verwenden von kalkhaltigem Wasser notwendig werden, durch Einsatz von Produkten mit einer besonderen Eisenverbindung gegen einen zu alkalischen pH-Wert des Substrates vorzugehen. Die Gesundheit der Pflanze wird hierdurch nicht beeinträchtigt, sondern lediglich das Erscheinungsbild, weil insbesondere grüne Blätter ziemlich blaß werden.

## GEFÄSSE

Es ist viel einfacher, eine Hosta in einem Plastiktopf in gutem Wachstum zu halten, da dieser die Feuchtigkeit hält. Außerdem ist es in der Vegetationszeit sehr wichtig, daß das Gefäß nicht austrocknet. Beim Verwenden eines Terrakottatopfes kann durch die Porosität des Tonmaterials das Wurzelwerk der Hosta leicht austrocknen, wenn nicht genügend gewässert wird. Falls ein großer Horst einer Hosta in ein Gefäß gepflanzt wird, muß dieses eine passende Größe haben. Da aber in den meisten Fällen neuerworbene Pflanzen relativ klein sind, sollten sie zuerst ebenfalls in kleinere Gefäße gepflanzt und in Abständen in größere Töpfe umgesetzt werden. Sie wachsen so viel besser.

Das bedeutet aber nicht, daß man einen großen dekorativen Topf nicht verwenden könnte, den man an einem strategisch wichtigen Platz in seinem Garten aufstellen will. Wichtig ist dabei nur, daß man diese Pflanze für etwa ein Jahr in einem kleineren Topf innerhalb des größeren unterbringt, und dann in den größeren pflanzt, wenn die Pflanze den kleineren mit ihren Wurzeln vollständig ausgefüllt hat. Diese Topf-im-Topf-Methode ist eine sehr gute Idee, wenn das ausgesuchte Gefäß aus Terrakotta oder einem anderen porösen Material ist, und einen wenig attraktiven Plastiktopf verbirgt. Außerdem kann diese Topf-im-Topf-Anordnung für eine feuchte Umgebung sorgen, zumal, wenn der Raum zwischen den Töpfen mit Kies oder einem ähnlichen Material aufgefüllt ist. Dieses Material dient gleichzeitig als Abwehrmittel gegen Schnecken. Ein weiterer Vorteil besteht darin, daß man im Winter den Übertopf entfernen und während der Ruhezeit der Hosta etwas anderes verwenden kann. Die Hosta kann in einem kalten Kasten, einer ungeheizten Garage oder einem Schuppen untergebracht und bis zum Frühling nahezu vergessen werden. Sie benötigt sehr wenig Wasser und wird am besten auf der trockenen Seite gehalten. Sie sollte aber nicht so extrem austrocknen, daß das Erdsubstrat an den Seiten des Gefäßes zusammenschrumpft.

In Gebieten mit starken Frösten werden Hosta oft in Gefäßen gezogen, die in den Boden eingesenkt sind und dann im Winter an geschützte Stellen gebracht werden. Es ist sehr wichtig, daß Wasser nicht an die Triebe der getopften Hosta im gefrorenen Zustand kommt. Es muß daher irgendeine Art von Schutz entweder in Gestalt von Mulch bzw. durch Abdecken mit Plastikfolie oder Vliesmaterial gegeben werden. Oder man muß den Topf im Boden eingraben.

Weiterhin ist es zweckmäßig, Gefäße nicht an einen zu heißen Ort zu stellen, da sie sich im Sommer rasch aufheizen und in Extremfällen eine Schädigung der Wurzeln auftreten kann. Die Topf-im-Topf-Methode könnte das unter Umständen verhindern.

Das Eintopfen wird am besten im Frühjahr durchgeführt. Falls die Pflanze in ihrem Wurzelballen verfilzt ist, kann ein Beschneiden der festen Wurzelmasse das Entstehen von neuen Faserwurzeln anregen. Die Pflanze wird ausgetopft, auf die Seite gelegt und mit einem scharfen Messer (ein Bratenmesser ist ideal) ein dünnes Stück der Ballenunterseite abgeschnitten. Anschließend werden einige der stärkeren Wurzeln gelockert und der Ballen in neues Substrat eingetopft. Damit keine Infektionen entstehen, wird das Messer zwischen jedem Arbeitsgang gereinigt.

## DIAGNOSE BEI PROBLEMEN

Die meisten Hosta-Pflanzen sind nach vier oder fünf Jahren ausgewachsen. Es können sich dabei auch bei genügender

Topfgröße für einige Sorten Probleme entwickeln. Bei einigen Sorten treten Probleme schon in einem viel früheren Alter auf als bei anderen. Sogar bei derselben Sorte in einem gleich großen Gefäß und bei identischer Pflege gibt es bei der einen oder anderen Pflanze Probleme. Die meisten Hosta wachsen jahrelang in einem großen Gefäß hervorragend. Tatsächlich scheinen einige Sorten im Topf sogar besser als im Freiland zu wachsen. Meine Beobachtungen beim Kultivieren von getopften Hosta für Ausstellungszwecke über neun Jahre lang zeigen, daß es ein allgemeines Muster gibt, aber immer auch Ausnahmen von der Regel.

Wenn es vorkommt, daß eine Hosta sehr spät austreibt (obwohl man sich daran erinnern sollte, daß nicht alle Hosta zur gleichen Zeit austreiben), und die Blätter dabei klein und möglicherweise deformiert aussehen, dann wird es Zeit, das Wurzelsystem zu untersuchen. Man nimmt ein Messer und schneidet den Wurzelstock in zwei Hälften. Wahrscheinlich findet man einen sehr zusammengepreßten, harten Wurzelkern und zwei Schichten von Wurzeln. Die einzelnen Triebe sind dann nicht mehr in der Lage, Wurzeln in das Substrat zu schicken. Wenn man die Teilstücke auseinanderschneidet, wird man unter der Krone eine dicke, harte und holzige Masse finden. Solch eine Pflanze wird logischerweise verderben und schließlich eingehen, wenn man sich nicht um sie kümmert. Wenn diese Pflanze aber geteilt und neu getopft wird, bzw. die einzelnen Stücke in den Garten gepflanzt werden, können sich einige Teilstücke erholen und wieder zu gesunden Pflanzen entwickeln. Eine derartige Wurzelansammlung kann auch im Boden bei vernachlässigten Pflanzen auftreten, ist aber weniger häufig.

Manchmal scheint ein Teil der Pflanze normal zu wachsen, während ein einzelner Trieb kleinere und verdrehte Blätter hat. Wenn man diese Pflanze auseinanderteilt (dies kann während des Wachsens der Pflanze in einem Gewächshaus geschehen), können sich nahezu alle Einzelstücke erholen und nach etwa einer Saison wieder zum normalen Wachstum zurückkehren.

Falls die Wurzeln weggefault sind, kann das bedeuten, daß die Triebe übereinander gewachsen sind, diese Fäulnis aber auch durch andere Ursachen wie Schädlinge oder Krankheiten hervorgerufen worden sein kann. Wenn man sich mit den Einzelstücken befaßt, sollte man stets jede Schadstelle entfernen und jede Faulstelle ausschneiden. Die Gabe eines Fungizids vor dem erneuten Eintopfen kann nützlich sein. Am schwierigsten ist es, sehr stark wachsende Hosta-Sorten für längere Zeit im Container zu halten. Sie werden niemals die volle Reife ihrer Blätter erreichen und immer kleiner als Einzelpflanzen im Freiland sein. Die großen Büsche von *H. sieboldiana* und *H.* 'Frances Williams', die man auf internationalen Blumenschauen sehen konnte, stammten aus dem Freiland und befanden sich nur für kurze Zeit in einem Container, d.h. gewöhnlich nicht länger als eine Saison. Anschließend wurden sie wieder ins Freiland ausgepflanzt.

## EMPFOHLENE SORTEN

Im allgemeinen machen Hosta-Sorten mit kleinen Trieben und feinen Wurzeln keine Schwierigkeiten und geben zufriedenstellende Topfpflanzen ab. Tatsächlich wachsen sie dort oft besser. Alle Formen von *H. fortunei* sind ideal. Sogar nach zehn Jahren ist eine *H.* 'Francee' aus meinem Bestand, die jetzt in einem 20 Liter-Topf steht, immer noch ein ausgezeichnetes Schauexemplar.

Es wird immer Ausnahmen geben. Für die Langzeit-Topfkultur würde ich keine Sorten empfehlen, die Blut von *H. sieboldiana* in ihrem Stammbaum besitzen wie z.B. *H.* 'Frances Williams' oder *H.* 'Big Mama'. Einige Vertreter der Tardiana-Gruppe sind ebenfalls schwierig (obwohl *H.* 'Halcyon' eine ausgezeichnete Topfpflanze abgibt), ebenso die großblättrigen goldenen Sorten wie *H.* 'Midas Touch', *H.* 'Piedmont Gold', *H.* 'Golden Sunburst' und *H.* 'August Moon'. Hosta-Sorten, die sehr dicke Wurzeln entwickeln, werden besser nach vier Jahren (im Topf) im Freiland weiter gezogen, da sie nur dort die volle Wirkung ihrer Blätter entwickeln.

**Bild auf Seite 51:**
***H.* 'Christmas Tree' mit *Carex comans* im Vordergrund. Die weißblütige Hortensie, der *Cornus alba* 'Elegantissima' und der Bambus im Hintergrund tragen zu einer wirksamen Gruppe für den weißen Garten bei.**

## Schädlinge

NACKTSCHNECKEN UND GEHÄUSESCHNECKEN

Unglücklicherweise ist ein Hostablatt Kaviar für Schnecken. Man muß daher Vorkehrungen treffen, um die Pflanzen gegen diese Schädlinge zu schützen. Es gibt eine große Zahl verschiedener Arten von Nackt- und Gehäuseschnecken, die mehr oder weniger Schaden anrichten. Die kleinen braunen und grauen Nacktschnecken sind eine größere Plage als ihre größeren Verwandten. Unter den Gehäuseschnecken ist die Garten- und die Erdbeergehäuseschnecke am schlimmsten. Die letztere ist viel kleiner und besitzt ein hellbraunes abgeflachtes Haus. Sie versteckt sich in den Trieben der Pflanze und ist daher schwer zu eliminieren. Nichts sieht schrecklicher aus als ein skelettiertes Hostablatt. Das eine oder andere Loch hingegen stört die Gartenwirkung nicht und läßt sich auch kaum vermeiden, da der Garten ein Paradies für solche Schädlinge ist.

Es gibt nur eine Antwort, und das ist ein fortwährender Kampf über eine oder zwei Wuchsperioden, bevor man seine Wachsamkeit und Präventivmaßnahmen auf wenige Begebenheiten reduzieren kann. Am allerwichtigsten ist es zuerst, sauber vorzugehen und alle möglichen Brutstätten zu beseitigen. In Verrottung übergehende Grünmasse ist die ideale Heimstätte für Gehäuse- oder Nacktschnecken. Wenn man eine Mulchschicht um die Pflanzen herum verteilt, müssen diese Schädlinge beseitigt werden.

Die vollkommendste Kontrolle besteht sicherlich im Anwenden von Schneckenkorn. Für Gartenliebhaber, die es nicht anwenden wollen, gibt es aber noch andere Maßnahmen. Schneckenkorn enthält entweder Metaldehyd oder Methiocarb. Das Methiocarb ist dabei toxischer als Metaldehyd, der im Boden schneller abgebaut wird. Die Pellets sind normalerweise blau, also von einer Farbe, die Vögel nicht anzieht, und enthalten außerdem für Warmblüter abstoßende Stoffe. Sie sind sehr wirksam, und Schnecken erholen sich von der Berührung im allgemeinen nicht. Andererseits muß man sie wiederholt anwenden. Der einfachste Weg für ihren Einsatz besteht darin, einen Blumentopf in einen zweiten zu packen, die Pellets einzufüllen und sie unter Benutzung der Drainagelöcher in den Töpfen spärlich über den ganzen Garten zu verteilen. Tierische Lebewesen geraten dann nur selten in die Gefahr, diese Pellets zu fressen. Außerdem ist die Kontrolle so viel wirksamer.

Man kann sie auch unter einen aus einem Stein hergestellten Regenschutz packen. Dann sind die toten Schnekken leicht zu entfernen, bevor sie von anderen Lebewesen gefressen werden. Die Pellets müssen unbedingt regelmäßig angewendet werden, immer nach einem Regenguß, und in Zeiträumen von nicht mehr als zehn Tagen. Außerdem muß man mit dem Ausbringen sehr früh in jeder Saison vor dem Austrieb im Frühjahr beginnen. Die Anwendung sollte durch die ganze Wuchsperiode hindurch erfolgen, um den Brutzyklus der Schnecken zu verringern. Nach und nach werden weniger ausgewachsene Schnecken auftreten, obwohl einige Jahre schlimmer sind als andere. In einer Zeitspanne mit trockenem Wetter wird der Schaden gewöhnlich geringer sein, weil sich die Nacktschnecken tief ins Erdreich und die Gehäuseschnecken sich in ihr Haus zurückgezogen haben.

Eine einigermaßen wirksame Methode, die eher von Gartenliebhabern mit Haustieren angenommen wird, ist das Benutzen eines flüssigen Produktes. Es gibt davon einige im Handel. Man muß die Pflanze und deren Umgebung damit sehr gründlich gießen, und dies in kurzen Abständen. Die meisten Präparate wirken auf der Basis von Aluminiumsulfat, das relativ untoxisch ist. Es gibt weitere Produkte wie Schnecken-Tape oder Schnecken-Gel. Obwohl sie für den Schutz einiger kostbarer Pflanzen erfolgreich eingesetzt werden können, sind sie nicht die Lösung für schneckenverseuchte Gärten.

Es gibt einige nichtchemische Methoden, die leider nur zu einem geringen Grade helfen. Eine nächtliche Inspektion mit einer Taschenlampe erlaubt ein mechanisches Entfernen der Schnecken, wenn sie zur Nahrungssuche zur Nacht herauskommen. Allerdings ist diese Methode wegen des Zeitaufwandes nur im sehr kleinen Garten anwendbar, obwohl sie wirkungsvoll ist. Die gesammelten Schnecken müssen allerdings vernichtet werden. Sie über die Hecke zu werfen bedeutet, daß sie bald zurückkehren!

Der Schaden läßt sich dadurch begrenzen, daß man die Pflanzen mit einem Material mit rauher Oberfläche umgibt, das die Schnecken nur ungern überqueren. Eierschalen, Kohlenasche oder scharfer Kies dienen als Abwehrmittel. Es bringt aber nichts, wenn man diese Materialien über dort hausende Insassen packt. Natürliche Feinde können ebenfalls helfen, der Schneckenplage Herr zu werden: Vögel, Igel, Frösche und Kröten sollten zum Aufenthalt im Garten ermuntert werden.

Meiner Beobachtung nach sind Kröten besonders wirkungsvoll in der Schneckenvertilgung. Sie scheinen auch keine vergifteten Schnecken aufzunehmen. Ich habe eine blühende Krötenpopulation, ungeachtet der Tatsache, daß ich eine ganze Menge an Schneckenkorn in meiner Gärtnerei benutze. Obwohl diese natürlichen Räuber helfen können, sind sie normalerweise doch nicht in ausreichender Zahl vorhanden, um den gesamten Schaden an den Blättern zu stoppen.

Beim Fehlschlagen jeden Mittels – einige Garteninhaber scheinen viel mehr Schnecken zu haben als andere – ist es viel einfacher, die Pflanzen durch Kultivierung im Topf zu schützen. Man kann sogar Schneckenkorn unsichtbar an den Rand des Topfes stecken, es in regelmäßigen Abständen entfernen und wieder erneuern. Die meisten Haustiere und Vögel werden den Bereich innerhalb des Topfes nicht untersuchen. Töpfe, die auf Kies oder Wegeplatten stehen und sich nicht mit dem Blattwerk gegenseitig berühren, können oft ohne eine sonst notwendige Schneckenkontrolle die Saison unbeschadet überstehen. Falls man einen Schaden entdeckt hat, hilft ein Hochheben des Topfes oder ein nächtlicher Suchgang, um die Schnecken zu entdecken und zu vernichten. Es ist eine gute Idee, in der Ruhezeit der Hosta die Pflanze mit dem Ballen aus dem Topf zu kippen und nachzusehen, ob irgendwelche Eier gelegt worden sind. Diese sollte man entfernen, bevor sie sich entwickeln und zur nächsten Schädlingsgeneration werden.

Einige Hosta-Sorten zeigen mehr Widerstandsfähigkeit gegen die Schädigung durch Schnecken als andere. Dicke, ledrige Blätter sind für Schnecken weniger anziehend als dünne und papierähnliche. *H.* 'Sum and Substance' z. B. hat ein sehr großes, extrem festes und dickes Blatt, das außerdem weit über dem Boden steht, wenn die Pflanze ausgewachsen ist, und viel weniger als andere Sorten unter Schnecken leidet. *H.* 'Celebration', Formen von *H. sieboldii* und andere kleine, dünnblättrige Hosta sind am meisten gefährdet. Die folgenden Sorten sollten zuerst berücksichtigt werden. Obwohl sie weniger als die meisten Sorten von Gehäuseschnecken heimgesucht werden, können einige durch Nacktschnecken sicherlich geschädigt werden.

**Hosta-Sorten, die am wenigsten von Schnecken geschädigt werden**

'Barbara White'
*'Big Daddy'*
'Blue Angel'
'Blue Cadet'
'Blue Umbrellas'
'Bold Ruffles'
'Christmas Tree'
*fluctuans* 'Variegated'
*fortunei* 'Aureo-marginata'
'Frances Williams'
'Fringe Benefit'
'Gold Edger'
'Gold Regal'
'Golden Sculpture'
'Green Fountain'
'Green Piecrust'
'Green Sheen'
*hypoleuca*
*kikutii* 'Pruinose'
'Krossa Regal'
'Love Pat'
'Midas Touch'
*nigrescens*
'Pizzazz'
*rupifraga*
'Sea Lotus Leaf'
*sieboldiana* (und Formen)
'Snow Cap'
'Spritzer'
'Sum and Substance'
Tardiana-Gruppe
*tardiflora*
*tokudama* (und Formen)
'Zounds'

## KANINCHEN, HASEN UND ROTWILD

Gegen diese Tiere hilft nur eine Einzäunung. Kaninchen können bei einem Besuch ein ausgewachsenes Einzelstück einer Hosta bis zum Erdboden abfressen. Jedesmal, wenn neue Blätter aus dem Boden gekommen sind, wird ein Kaninchen zu einer neuen Mahlzeit zurückkehren, bis die Hostablätter kleiner und kleiner werden und eines Tages ganz verschwinden. Drahtzäune gegen Kaninchen müssen aus engmaschigem Draht bestehen (junge Kaninchen können noch durch sehr kleine Löcher schlüpfen), unten mindestens 15 bis 20 Zentimeter tief in die Erde eingegraben werden und wenigstens 90 Zentimeter hoch sein. Einfriedungen gegen Rotwild, das ebenfalls gern an Hostablätter geht, müssen mindestens zwei Meter hoch sein. In einiger Hinsicht ist es nicht überraschend, daß Hostablätter eine derart bevorzugte Nahrung sind, werden sie doch von den Japanern in der Küche verwendet.

## MÄUSE UND WÜHLRATTEN

Mäuse können Hosta auffressen. Dies geschieht besonders im Winter, wobei gemulchte Pflanzen gewöhnlich mehr gefährdet sind. Das Mulchen hat allerdings zwei Seiten. Es kann

Schutz gegen Frost geben und die Feuchtigkeit erhalten; dies ergibt einen besseren Wuchs. Andererseits wird durch Mulchen ein Platz für Mäuse und verschiedene Schnecken geschaffen. Wühlratten sind kein allgemeines Problem. Wenn sie aber vorhanden sind, läßt sich bald feststellen, daß sie Hostawurzeln mögen. Eine große Einzelpflanze in meinem Garten wurde ein Winterlager von mindestens dreißig Eicheln und alle Wurzeln unter dem Hostastock waren aufgefressen. Gitterdrahtkörbe unter den Pflanzen können die Wurzeln schützen.

ERDRAUPEN

Diese Schädlinge sind bei im Topf gehaltenen Hosta ein viel größeres Problem als im Freiland. Wenn man auf weiße und C-förmige Larven stößt, sollte man sie augenblicklich vernichten, da sie die Wurzeln fressen. Die erwachsenen Insekten machen Einkerbungen an den Blättern, die dann unansehnlich aussehen.

Häufig umgetopfte Pflanzen scheinen nicht dasselbe Problem zu haben wie diejenigen, die mehrere Jahre lang unter den gleichen Bedingungen wachsen. Eine ganze Anzahl von im Handel erhältlichen Schädlingsbekämpfungsmitteln kann der Erdmischung beigefügt werden. Diese Vorsichtsmaßnahmen sollten im Abstand von wenigen Monaten wiederholt werden. Jüngste wissenschaftliche Entwicklungen auf dem Gebiet der biologischen Schädlingskontrolle, die auf dem Einsatz einer Nematode beruhen, könnten in Zukunft dieses Problem lösen helfen. Wenn man vermutet, daß sich Erdraupenlarven in den Wurzelballen befinden, muß das ganze Substrat ausgeschüttelt werden, die Larven vernichtet werden und die Hosta neu eingetopft werden. Hosta gehören nicht zur bevorzugten Nahrung der Erdraupen, sie treten auch nur in vernachlässigten Pflanzen auf. Bohrasseln können ebenfalls an den Stielen und Blättern nagen, sind aber kein ernsthaftes Problem.

**Bild auf Seite 54:**
***H.* 'Tall Boy' im Garten der RHS in Wisley. Dort ist eine Massenanpflanzung dieser Sorte in Blüte sehr wirkungsvoll.**

ANDERE SCHÄDLINGE

Hosta wachsen im allgemeinen ohne große Unannehmlichkeiten. Obwohl saugende Insekten eine sichtbare Schädigung verursachen können, fügen sie der Pflanze auf lange Sicht keinen Schaden zu. Die einfachste Kontrolle läßt sich mit einem starken Wasserstrahl durchführen, der vorhandene Schädlinge abspült.

## Krankheiten

Hosta sind relativ problemfrei. Solange sie unter guter Kultur stehen und von Schneckenfraß ferngehalten werden, dürften sie für viele Jahre gut gedeihen. Aber gelegentlich tritt eine Virusinfektion mit mosaikähnlichen Markierungen, chlorotischen Flecken oder einem gestauchten Wuchs auf (das letzte Symptom kann auch vom Übereinanderwachsen der Triebe herrühren). Man sollte aber daran denken, daß Spätfröste, Blattverbrennung und Mangel an Spurenelementen ähnliche oder identische Symptome zeigen können. Bei einer vermuteten Virusinfektion ist das Vernichten der Pflanze die einzige Antwort. Durch Insekten oder ein Gartenmesser kann das Virus auf gesunde Pflanzen übertragen werden. Einige Sorten aus der Tardiana-Gruppe wie auch *H.* 'Sea Sprite', *H. opipara* und *H. crispula* scheinen virusanfälliger als andere zu sein. Flecken auf den Blättern können verschiedene Ursachen haben. Die Blattfleckenkrankheit kann durch Spritzen mit BENOMYL oder THIRAM behandelt werden, da sie durch Pilze verursacht wird. Die meisten Flecke auf Hosta-Blättern werden aber durch Frost oder Sonneneinstrahlung hervorgerufen. Ein leichter Frost wird das Blatt nicht zerstören, sondern einige Zellstrukturen aufbrechen. Der Schaden wird nicht sofort sichtbar sein. Besonders, wenn die Blätter naß sind, kann die Sonne dort braune Brennflecken verursachen, wo einzelne Wassertropfen als Brennglas gewirkt haben. Insekten können ebenso wie Chemikalien nadelkopfgroße Tüpfel hervorrufen. Auch Rauch sowie ölige Rückstände dürften die Blattoberfläche ebenfalls schädigen. Braune Ränder an den Blättern sind normalerweise das Ergebnis einer Schädigung durch Frost oder Wind, obwohl ungewöhnliche Jahreszeiten, d. h. Zeitspannen extremer Temperatur oder Trockenheit, zu den Blattschäden beizutragen scheinen. Es ist kein Fehler, das eine oder andere geschädigte Blatt zu entfernen. Man sollte aber nicht alle gleichzeitig wegnehmen. Dies wäre falsch. Die durch einen Schadpilz hervorgerufene Fäulnis der Triebe („Crown rot") kann auftreten, besonders in Gegenden mit hohen Temperaturen. Wenn die Blätter gelb werden und man die einzelnen Triebe aus der Mitte loslösen kann, muß die Pflanze auseinandergenommen werden. Man behält nur die gesunden Teilstücke zurück, wobei jedes Stück vor dem Wiedereintopfen in neue Erde mit einem Fungizid behandelt werden muß. Manchmal wird der gleiche Schaden durch schlecht dränierte Erde oder ein zu dichtes Substrat, das überwässert wurde, verursacht. Dies tritt besonders bei Formen von *H. sieboldii* auf, die kein sehr starkes Wurzelwerk besitzen und zum Übereinanderwachsen der Triebe neigen. Als auf der Chelsea Flower Show 1989 die Temperatur im Zelt auf über 38 °C stieg, entwickelten einige Hosta-Sorten die frühen Anzeichen einer Triebfäule. Die Triebe waren mit Moos eingepackt, um die Töpfe zu verstecken. Dadurch wurde die Luftzirkulation verhindert. Jetzt lasse ich einen Zwischenraum um die Blattstengel, damit dies nicht wieder vorkommen kann.

Nach Beschreibung einiger für Hosta in Frage kommender Gefahren lohnt es sich zu wiederholen, daß die meisten Gartenliebhaber vorwiegend Schaden durch Schneckenfraß und Spätfröste haben werden. Im Vergleich zu vielen anderen Gartenpflanzen sind die meisten Hosta-Sorten einfach zu pflegende, problemlose Stauden, die in einer Reihe von unterschiedlichen Gartensituationen überraschend gut wachsen.

## Vermehrung

### TEILUNG

Im Frühjahr, wenn die Triebe gerade aus dem Boden kommen, ist die ideale Zeit zur Teilung von Hosta. Bei einem ausgewachsenen Horst ist es am einfachsten, mit einem scharfen Spaten ein Stück abzutrennen und den Rest im Boden zu lassen. Dieses Stück kann dann entweder weiter zerschnitten oder in einzelne Triebe auseinandergepflückt werden. Einige Hosta-Sorten lassen sich leicht teilen, bei anderen benötigt man ein scharfes Küchenmesser. Die im Boden zurückgelassene Pflanze wird sich bald erholen. Am Ende der Vegetationsperiode wird man das fehlende Stück nicht vermissen und der Klumpen wird seine Altersblattform behalten. Der Rest liefert Teilstücke zur Weiterkultivierung. Diese werden einige Jahre brauchen, um zur Blattform der ausgewachsenen Pflanze zurückzukehren. Sie müssen wie neu erworbene Pflanzen behandelt werden. Falls nur ein paar Pflanzen benötigt werden, kann das abgestochene Teilstück, so wie es ist, wieder aufgepflanzt werden. Es wird nicht zu einer jugendlichen Blattform zurückgehen. Jedoch muß jede verholzte Wurzel abgeschnitten und das Stück in der gleichen Weise wie Pflanzen behandelt werden, die im Topf wuchsen und dann geteilt werden.

Einige Hosta-Sorten bilden neue Leittriebe nur sehr zögernd aus. Daher wurde hauptsächlich von professionellen Gärtnern eine Reihe von anderen Methoden ausprobiert, um die Pflanze zur Produktion von vermehrungsfähigem Material anzuregen. Die ROSS-Methode wurde ursprünglich in den USA entwickelt. Die Einzelheiten wurden später im AMERICAN HOSTA JOURNAL veröffentlicht. Diese Technik läßt sich einfacher an einem dicken einzelnen Hosta-Trieb im Topf ausführen, obwohl sie auch bei Pflanzen im Freiland mit gutem Erfolg angewendet werden kann. Ich habe als beste Zeit das Frühjahr oder den Frühsommer herausgefunden, wenn sich die Pflanze im aktiven Wachstum befindet. Der Erdboden oder das Substrat wird zum Freilegen der Basalplatte weggekratzt. Die Wurzeln befinden sich unterhalb der Triebbasis. Der Austrieb gerade oberhalb der Basalplatte wird mit einem dünnen, geraden und scharfen Messer senkrecht durchstoßen und das Messer dann durch diese Platte hindurch nach unten bis zu den Wurzeln geführt (Abb. 11). Ein weiterer Schnitt kann im rechten Winkel zu dem ersten gemacht werden. Wo der Austrieb verletzt worden ist, wird sich das Gewebe durch Kallusbildung schließen. Es wird sich eine Narbe bilden, die wiederum die Bildung schlafender Augen anregt. Aus diesen entwickelt sich schließlich ein neuer Ableger. Die betreffende Hosta sollte sorgfältig behandelt werden. Sie wächst weiter, obwohl oftmals eine leichte Gelbfärbung der Blätter auftritt.

Eine geringe Änderung dieser Methode besteht darin, das Messer nur bis etwa zur Mitte des Triebes zu stoßen, dann abwärts zu schneiden und diesen Vorgang rings um den Trieb zu wiederholen. Ein sehr starker Hosta-Trieb kann sechs bis acht Schnitte vertragen, für eine weniger entwickelte Pflanze sind zwei oder drei genug. Anstelle eines großen und starken Triebes sollte die Pflanze gemäß der Anzahl der Schnitte eine Reihe von kleineren Trieben entwickeln. Die entstandenen neuen Austriebe müssen normalerweise für mindestens eine Vegetationsperiode weitergepflegt werden, bevor sie geteilt werden können. Damit gibt man ihnen Zeit zur Bildung eines eigenen Wurzelsystems.

ANDERE METHODEN

Hosta lassen sich aus Samen ziehen, fallen aber in den wenigsten Fällen echt. Die meisten Leute, die Samentüten gekauft oder ihre eigenen Samen geerntet haben, sind von der erscheinenden Nachkommenschaft sehr enttäuscht. Viele neue Hosta-Sorten werden aus geplanten oder zufälligen Kreuzungen gezüchtet, aber für jede neue Sorte werden tausende Sämlinge verworfen.

Der Anteil an panaschierten Sämlingen, die z. B. von *H.* 'Frances Williams' herrühren, ist unendlich klein. Die meisten der daraus entstandenen Sämlinge sind blau oder grün, mit einem geringen Anteil an Pflanzen mit goldenen Blättern.

Man sollte Sämlinge besser nicht unter einem Namen verbreiten, bis sie namentlich registriert worden sind. Dies sollte nur mit Pflanzen geschehen, die es wirklich wert sind.

Die heute am häufigsten angewandte Vermehrungsmethode für die neuen Hosta-Sorten ist die Mikrovermehrung oder Gewebekultur. Ohne Gewebekultur wären die neueren Sorten nicht so schnell verbreitet worden, wie sie es tatsächlich sind. Viele tausende Pflanzen lassen sich in einem Zeitraum von wenigen Monaten heranziehen. Damit kann der Erwerbsgärtner in kurzer Zeit einen Mutterpflanzenbestand aufbauen. Die Jungpflanzen brauchen allerdings in ihren ersten Tagen eine besondere Fürsorge. Sie sollten auch erst nach zwei Wuchsperioden in den Garten ausgepflanzt werden. Da sie unter sterilen Bedingungen vermehrt wurden, benötigen sie eine Anpassungsphase an die Außenwelt. Viele Hosta sind von Natur aus instabil.

Sie haben eine hohe Mutationsrate, eine Eigenschaft, die im Gewebelabor noch verstärkt wird. Das Ergebnis ist, daß durch diese Vermehrungstechnik eine viel größere Anzahl an neuen Spielarten zum Vorschein kommt. Falls diese sich als wertvoll erweisen, werden sie ihrerseits der Reihe nach vermehrt. Drei sehr feine Varietäten, die auf diese Weise entstanden sind und in den kommenden Jahren in großer Nachfrage stehen werden, sind: eine cremefarben gerandete *H.* 'Honeybells' mit Namen *H.* 'Sugar and Cream', eine ebenfalls cremefarben gerandete *H.* 'Krossa Regal' (*H.* 'Regal Splendor') und eine *H.* 'Halcyon' mit goldfarbener Mitte (*H.* 'June').

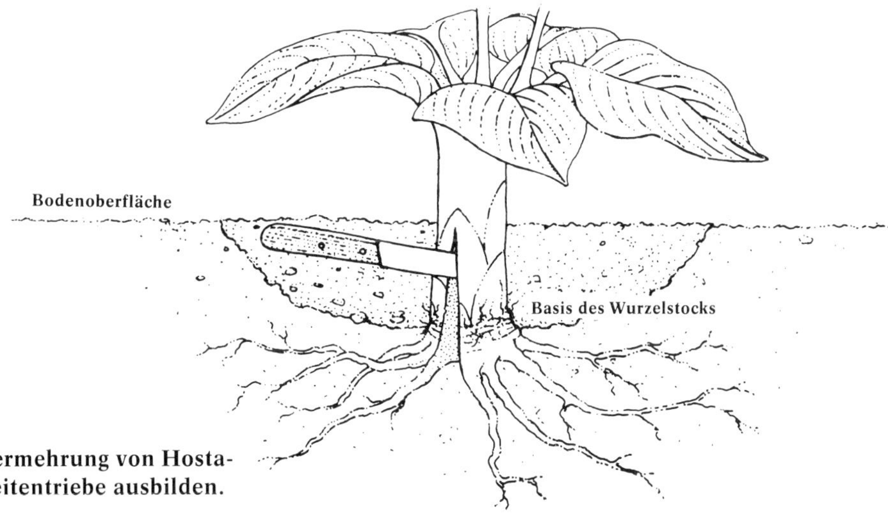


**Abb. 11:**

**Die ROSS-Methode zur Vermehrung von Hosta-Sorten, die nur langsam Seitentriebe ausbilden.**

# KAPITEL 6

# Liste von Hosta-Sorten

Diese Liste ist in keiner Weise vollständig, da es derzeit über 1100 registrierte Namen gibt. Es ist einerseits eine Auswahl von leicht erhältlichen Hosta-Sorten, und andererseits von solchen, die derzeit nur in Spezialgärtnereien vorhanden sind, bald aber zu allgemeiner Beliebtheit gelangen werden. Ich habe einige der alten Favoriten mit eingeschlossen, Spezies, die meinem Empfinden nach viel mehr verwendet werden sollten, und einige ganz neue Sorten, die eine Zukunft im Garten oder für den Floristen besitzen. Unter den derzeitigen Zuchtzielen sind gesteigerte Schädlingsresistenz und Sonnentoleranz, Blüten mit Duft, neue Farbkombinationen wie weiß-blaue Panaschierung sowie eine stetig wachsende Auswahl an kleinen Hosta, die den Liebhaber von Alpenpflanzen ansprechen sollten, und von solchen mit winzigen Rosetten. Ich habe eine Auswahl aus den oben erwähnten zahlreichen Sorten getroffen. Obwohl etliche davon noch sehr teuer sind, sollten sie durch die Gewebekultur in Zukunft viel billiger angeboten werden. Einige werden in den zukünftigen Gärten so verbreitet sein wie heute *H.* 'Frances Williams'.

Einige Sorten sind nicht leicht zu ziehen. Wenn diese aber besondere Eigenschaften haben und von überzeugten Gartenliebhabern, die sich mit ihnen abgeben wollen, erworben werden, dann sollten sie meiner Meinung nach auch die ihnen zustehende Rolle im Garten spielen. Eine derartige Sorte ist *H.* 'Reversed'. Diese ist bei den Floristen bekannt und wird von ihnen gern verarbeitet. Wenn sie in einem Topf im Halbschatten gezogen wird, kann sie aufregend aussehen. Sie ist aber sicherlich keine gute Pflanze für die Landschaft.

Die meisten Hosta-Sorten in Kultur sind keine Arten, obwohl es der Name bei einigen vermuten läßt. Ich habe diejenigen belassen, die historische Verbindungen zu ihrem eingeführten, wohlbekannten Namen haben, sogar wenn wir jetzt wissen, daß sie keine Spezies sind. Für die neueren Kultivare bin ich der Verfahrensweise der internationalen Registrierungsstelle für Hosta (IRA for Hosta) in den USA gefolgt. Indem wir Hosta besser verstehen lernen, werden Änderungen in der Nomenklatur unvermeidbar. Der Gärtner und Gartenliebhaber findet dies oft verwirrend, aber langfristig wird die Genauigkeit in der Taxonomie zur Lösung der aufgetretenen Probleme führen.

Viele ältere Formen unter den Hosta haben seit ihrer Einführung unter den Fehlern in der Nomenklatur gelitten. Die Arten sind hauptsächlich in Japan heimisch, einige stammen aber auch aus China und Korea. Wegen ihrer Variabilität in der Wildnis sind sie teilweise falsch identifiziert und zugeordnet worden. Ausgewachsene Pflanzen unterscheiden sich oft von der Jugendform. Dies stiftet wiederum Verwirrung, und so werden Pflanzen oft unter falschem Namen gehandelt. Einige ältere Hybriden wurden ebenfalls als Spezies beschrieben. Durch das große Interesse, das gegenwärtig an der Gattung herrscht, ist unterdessen mit der Lösung einiger taxonomischer Fragen begonnen worden.

Es gibt zur Zeit viele Debatten hinsichtlich der Identifizierung einzelner Sorten innerhalb der von Eric Smith gezüchteten Tardiana-Gruppe. Es scheint sehr gut möglich, daß hier in der Zukunft Änderungen vorgenommen werden müssen. Die ursprüngliche Kreuzung bestand aus *H. tardiflora* und *H. sieboldiana* 'Elegans', und der folgenden Nachkommenschaft wurde eine TF-Nummer gegeben. Die erste Generation wurde als TF 1x eingeteilt, die zweite als TF 2x und die dritte, von der nur ein einziger Klon existiert, als TF 3x1. Bei einigen Nachkommen in der zweiten Generation zeigen sich aber auch Anhaltspunkte, daß eine Form von *H. nakaiana* mit in die Kreuzung eingegangen sein könnte, so z. B. bei *H.* 'Blue Belle' (TF 2x22) und *H.* 'Eric Smith' (TF 2x31). Die Probleme zur Identifizierung in dieser Gruppe sind komplex. Viele Tardiana-Sorten sind einander sehr ähnlich und wurden im Jugendstadium unter Nummer verbreitet, während die Namen – teilweise in Europa und teilweise in den USA – später gegeben wurden. Das Ergebnis ist, daß wir jetzt entweder mehr als eine Sorte mit demselben Namen oder eine Sorte mit zwei und mehr Namen haben. Meiner Mei-

nung nach wird man entdecken, daß *H.* 'Blue Moon' und *H.* 'Dorset Blue' miteinander vermischt wurden, da sie einander sehr ähnlich sind. *H.* 'Dorset Blue' ist dabei die wüchsigere Sorte. *H.* 'Blue Dimples' und *H.* 'Blue Wedgwood' sind sicherlich durcheinandergebracht worden. Dies ist gut verständlich, da ihre Nummern TF 2x8 bzw. TF 2x9 waren und sich beide im unentwickelten Jugendstadium sehr ähnlich sehen. Ich habe nur die besseren Hybriden aus dieser Gruppe ausgewählt, in der *H.* 'Halcyon' die am besten bekannte und am meisten gepflanzte Sorte ist.

Die nachfolgende Hosta-Liste gibt jeweils eine kurze Beschreibung jeder Sorte und geht, wo nötig, auf besondere Kulturbedürfnisse ein. Die Elternschaft wurde manchmal angegeben, da dies ein brauchbarer Anhaltspunkt für das Erscheinungsbild der jeweiligen Sorte und

**Bild: Eine junge Pflanze von *H.* 'Spritzer' mit *Hakonechloa macra* 'Alboaurea', *Carex testacea* und Farnen. Diese säumen einen Pfad und stehen vor einem Hintergrund aus *Cornus alba* 'Aurea' und *Elaeagnus ebbingei*.**

ihrer Wuchseigenschaften sein kann. Die angegebenen Werte zeigen Höhe/Breite (H/B) des ausgewachsenen Blattbusches an. Dies ist das bestimmende Element für das Erscheinungsbild im Garten, obwohl es in verschiedenen klimatischen Regionen unterschiedlich ausfallen kann. Die Breite zeigt auch die benötigten Pflanzabstände an. Die mit einem * markierten Sorten sind besonders für die Floristik geeignet.

**H. 'Allan P. McConnell':** H/B 13x20cm.

Attraktive kleine Blätter mit einem schmalen weißen Rand. 20cm hohe purpurne Blütenstengel mit lavendelfarbenen Blüten im Mittsommer. Für Einfassung oder schattigen Steingarten verwendbar.

**H. 'Amanuma':** H/B 15x30cm.

Ein Sämling von *H. nakaiana*. Ein kleiner grüner Busch mit etwas gewellten Blättern, lavendelfarbene Blüten an 38cm hohen purpurgetupften Stengeln vom Frühsommer an.

**H. 'Antioch':** H/B 50x90cm.

Form oder Sämling von *H. fortunei* 'Albo-marginata'. Mittelgroßer, in Wellen herabfallender Blattschopf von cremefarben eingefaßten grünen, herzförmigen Blättern. Lavendelfarbene Blüten im Mittsommer. Ähnlich wie *H.* 'Spinners', welche größer ist, wie *H.* 'Moerheim' (*H. fortunei* 'Moerheimii') und wie *H.* 'Goldbrook', welche kleiner ist und einen von Gold zu Cremeweiß wechselnden breiteren Rand besitzt. Sie sieht zusammen mit Farnen und *Geranium phaeum* 'Album' wundervoll im Halbschatten aus, wo sie eine dunkle Ecke aufhellen kann.

**H. 'August Moon':** H/B 65x90cm.

Das junge Blatt ist blaßgrün und vertieft sich zu Gold, wenn es im lichten Schatten gezogen wird. Die Pflanze entwickelt große geriffelte oder gehämmerte goldene Blätter, wenn sie ausgewachsen ist. 90cm hohe Stengel mit blaßlavendelfarbenen trompetenförmigen Blüten im Mittsommer. Groß werdend und schnell wachsend. Möchte in kühleren Klimabereichen in der Sonne wachsen. Eine Reihe von Mutationen (ein anderer Begriff für Mutation ist „Sport“) sind inzwischen aufgetreten, von denen einige eine Zukunft im Garten haben werden: *H.* 'Abiqua Moonbeam' (*H.* 'Mayan Moon') ist blaugrün mit einem kreidig grüngelben Rand, *H.* 'Lunar Eclipse' hat zum goldenen Blatt einen weißen Rand und H. 'September Sun' ist goldgelb mit einem dunkelgrünen Rand. Die letzte ist eine sehr ansprechende neue Sorte.

**H. 'Barbara White':** H/B 50x75cm.

Dieser Sämling entstand in der GOLDBROOK Nursery, U.K., und wurde zu Ehren von Barbara White, der langjährigen Sekretärin der HARDY PLANT SOCIETY, nach ihrem Tode benannt. Die grünlich-goldenen, runden Blätter mit guter Substanz sprechen Floristen an. Nahezu weiße Blüten. Obwohl sie nur langsam die volle Reife erreicht, ist sie irgendwann eine beeindruckende Pflanze. Braucht Halbschatten zum Ausbilden der Blattfärbung.

**H. 'Bennie MacRae':** H/B 60x75cm.

Sämling aus offen bestäubter *H. plantaginea*. Lanzettliche, glänzende, gewellte grüne Blätter. Duftende lavendelfarbene Blüten auf sehr hohen Blütenstielen vom Spätsommer an. Hat größere Blätter als *H.* 'Honeybells' und dunkler gefärbte Blüten, die einen süßen Duft besitzen.

**H. 'Big Daddy':** H/B 75x90cm.*

Große, runde, gehämmerte blaue Blätter, die schädlingsfest sind. Blaßlavendel Blüten an 90cm hohen Stengeln erscheinen im Frühsommer. Ist am besten im Schatten unterzubringen, aber nicht unter der Traufe von Bäumen. Ergibt eine gute „architektonische“ Einzelpflanze vor Mauern, unterpflanzt mit *Pulmonaria* 'Lewis Palmer'.

**H. 'Big Mama':** H/B 90x100cm.

Eine selektierte Form von *H. sieboldiana*. Große blaugrüne, tassenförmig gewölbte und angespitzte Blätter von dicker Substanz. Blaßlavendel Blüten im Frühsommer. Gute Hintergrundpflanze für andere Hosta, Tränendes Herz und Farne im Schattengarten.

**H. 'Bill Brincka':** H/B 70x150cm.

Selektion von *H. opipara*. Große, leuchtend grüne Blätter, eingefaßt mit einem breiten goldenen Rand, der im Laufe der Saison cremiger wird. 75cm hohe Stiele tragen Rispen von glockenförmigen, hell-lavendel Blüten mit dunkleren Streifen im Mittsommer. Diese Form hat einen eigenen Namen erhalten, da sie im Gegensatz zu anderen Formen virusfrei ist. Sieht als Einzelpflanze in einer grünen Farnrabatte wundervoll aus. Im ausgewachsenen Zustand sehr dekorativ.

***H.* 'Black Hills':** H/B 75x125 cm.

Tiefgrüne, gehämmerte Blätter von dicker Substanz. Lila Blüten im Mittsommer auf Blütenstielen, die gerade über den Blätterbusch reichen. Eine der im Handel erhältlichen sehr dunkelgrünen Sorten, aber kaum bekannt.

***H.* 'Blond Elf':** H/B 20x60 cm.

Kleine, goldene, lanzettliche Blätter mit einem gewellten Rand bilden einen weitläufigen niedrigen Blattbusch. Lavendelfarbene Blüten im Mittsommer. Am besten im lichten Schatten als Einfassung oder in einem Alpinenbeet.

***H.* 'Blue Angel':** H/B 100x120 cm.*

Form von *H. sieboldiana*. Sehr große, bläulich bereifte Blätter machen diese Sorte zu einer sehr eindrucksvollen Hosta für die Landschaft. Das Warten darauf, daß sie bis zur vollen Größe auswächst, ist es sicherlich wert. Dichtgedrängte Trauben von lilaweißen Blüten an hohen Stielen, die sehr lange halten. Man unterpflanze sie mit *H.* 'Wide Brim' für einen spannungsreichen Blickpunkt im Garten oder mit *Tiarella cordifolia* in einem weniger auffälligen Schema am Waldrand. Am besten im Schatten zu kultivieren. Wenn sie erst einmal eingewachsen ist, toleriert sie einen trockenen Standort überraschend gut. Weil die Blätter nicht gerunzelt sind, sondern nach unten zeigen, fangen sie auch keine von den Bäumen fallenden organischen Reste auf.

***H.* 'Blue Belle':** H/B 25x50 cm.

Tardiana-Gruppe TF 2x22. Bläuliche Blätter, attraktive mauve- bis lilafarbene Blüten, die beträchtlich über den Blättern stehen. Sehr ähnlich wie *H.* 'Blue Cadet'. Gute Einfassungspflanze im Schatten.

***H.* 'Blue Blush':** H/B 20x45 cm.

Tardiana-Gruppe TF 3x1. Ausgezeichnete blaue Blätter, sie sind zum überwiegenden Teil lanzettlich. Lilafarbene Blüten im Mittsommer gerade über dem Blattwerk. Nur langsam in Gang zu bekommen. Sie ist aber eine ausgezeichnete, niedriger wachsende Sorte, die sich als Einfassungspflanze im Schatten eignet. Wird von einigen Experten für die blaueste Sorte dieser Gruppe gehalten. Man pflanze sie zusammen mit *Dicentra formosa* 'Stuart Boothman' und *Lamium maculatum* 'Beacon's Silver'.

***H.* 'Blue Boy':** H/B 30x50 cm.

Wahrscheinlich ein Sämling von *H. nakaiana*. Kleine, leicht gewellte, bereifte, blaugrüne Blätter und blaßlavendel Blüten. Entzückend mit Tränendem Herz oder unter *Cornus alba* 'Aurea' in Gemeinschaft mit *Molinia caerulea* 'Variegata'.

***H.* 'Blue Cadet':** H/B 38x55 cm.

Blaugrüne, herzförmige Blätter bilden einen dichten, runden Busch. Dunkellavendelfarbene Blüten im Mittsommer. Ausgezeichnete Einfassungspflanze im lichten Schatten.

***H.* 'Blue Danube':** H/B 25x50 cm.

Tardiana-Gruppe TF 2x24. Sehr blaue, leicht gerundete Blätter mit blaßlavendel Blüten, die einen dunkleren, aber immer noch blassen Streifen besitzen. Sie blühen im Frühsommer etwas über den Blättern. Eine der frühesten Sorten in dieser Gruppe in Blüte. Eine sehr hübsche Pflanze für die Einfassung eines schattigen Weges oder in Verbindung mit *Carex comans*.

***H.* 'Blue Dimples':** H/B 30x60 cm.

Tardiana-Gruppe TF 2x8. Dicke, blaue Blätter von schwerer Substanz mit Randkräuselung bei ausgewachsenen Pflanzen. Dunkellavendelfarbene Blüten im Mittsommer. Halbschatten bzw. tiefer Schatten ist am besten.

***H.* 'Blue Moon':** H/B 10x30 cm.*

Tardiana-Gruppe TF 2x2. Kleine, rundliche, aber flache graublaue Blätter. Dichte Trauben von bläulich-mauvefarbenen Blüten erscheinen im Mittsommer gerade über

**Bild: Drei ganz neue Hosta-Sorten zur Betonung blauer Sorten. Von links nach rechts: *H.* 'Goldbrook Glimmer', *H.* 'Snow Cap' und *H.* 'Pizzazz' mit *Pulmonaria mollis* 'Royal Blue' und Farnen.**

den Blättern. Langsam wachsend. Die Blattfärbung wird im Schatten verstärkt. Nicht sehr wüchsig und wahrscheinlich selten, da die meisten Pflanzen im Handel unter diesem Namen in Wirklichkeit vermutlich zu *H.* 'Dorset Blue' gehören, die sehr ähnlich ist, aber viel stärker wächst.

***H.* 'Blue Skies':** H/B 20x40 cm.

Tardiana-Gruppe TF 2x6. Rundliche, zugespitzte blaue Blätter, die ziemlich flach am Boden wachsen. Hyazinthenähnliche blaßlavendel Blüten im Spätsommer. Am besten im Schatten. Hat einen einheitlich grünen Sport hervorgebracht, *H.* 'Emerald Skies' mit glänzend smaragdgrünen Blättern. Diese letztgenannte Sorte wächst sehr langsam.

***H.* 'Blue Umbrellas':** H/B 90x100 cm.

Form von *H. sieboldiana*. Sehr große, kräftige, blaugrüne Blätter von dicker Substanz. Blaßlavendel Blüten über den Blättern im Frühsommer. Obwohl sie Sonne toleriert, ist sie im lichten Schatten als Hintergrund zu *Dicentra spectabilis* und zu *H.* 'Pearl Lake' viel eindrucksvoller.

***H.*'Blue Wedgwood':** H/B 25x55 cm.*

Tardiana-Gruppe TF 2x9. Hübsche, keilförmige, stark gehämmerte, blaue Blätter. Braucht eine Anzahl von Jahren, um das Alterslaub zu entwickeln. Wird oft mit *H.* 'Blue Dimples' durcheinandergebracht. Lavendelfarbene Blüten im Mittsommer. Macht sich gut, wenn sie mit blaßrosa Astilben zusammengepflanzt wird.

***H.*'Bold Ribbons':** H/B 25x60 cm.

Grüne, lanzenförmige Blätter mit einem cremegelben Rand, der zu Cremeweiß verblaßt. Violette Blüten an hohen Stielen im Mittsommer. Eignet sich gut als Bodendecker, da sie Ausläufer treibt. Sie benötigt schlichte Nachbarn, da das Blatt sehr auffällig ist. Sehr ähnlich sind *H.* 'Neat Splash Rim' und *H.* 'Yellow Splash Rim'' die stabilen Formen von *H.* 'Neat Splash' und *H.* 'Yellow Splash'. Alle diese Sorten sind bei Floristen sehr beliebt und auch leicht zu ziehen.

***H.*'Bold Ruffles':** H/B 60x90 cm.*

Große blaugraue, stark gekräuselte Blätter. Blaßlavendel Blüten im Mittsommer. Muß in gutem Boden im Halb- oder Vollschatten gezogen werden. Nicht gut im Topf zu halten, aber brauchbar für Floristen.

***H.*'Bright Glow':** H/B 38x55 cm.

Typ mit Blut von Tardiana. Dicke, strukturierte, herzförmige Blätter, die von hellem Grün zu Gold wechseln. Weiße Blüten im Frühsommer. Braucht etwas Sonne zum Ausfärben, aber keinen heißen und trockenen Standort. Wächst langsam.

***H.*'Bright Lights':** H/B 30x50 cm.*

Die Blätter haben eine leuchtend goldgelbe Mitte und blaugrüne Ränder. Stammt möglicherweise von *H. tokudama* 'Flavo-circinalis', aber mit einer umgekehrten Farbverteilung. Hell-lavendelfarbene Blüten im Mittsommer. Langsam wachsend. Am besten im lichten Schatten. Dort bildet sie einen auffallenden Busch. Eine Sorte für Floristen. Man verwende sie als Blickfang unter blauen Hosta und goldenen Seggen.

***H.*'Brim Cup':** H/B 30x38 cm.*

Die leicht gewölbten und gehämmerten grünen Blätter besitzen einen breiten cremegelben Rand, der zu weiß verblaßt. Lavendelfarbene Blüten an 45 cm hohen Stielen im Mittsommer. Diese Sorte wird an Beliebtheit zunehmen. Am besten im Schatten oder im gedämpften Licht. Sie sieht entzückend mit *Athyrium filix-femina* 'Minutissimum' und kleinen weißen Astilben aus.

***H.*'Buckshaw Blue':** H/B 35x60 cm.

Möglicherweise ein Sämling von *H. tokudama*. Sehr blaues, gewölbtes Blattwerk mit dicker Substanz. Graugetönte, weiße Blüten an 45 cm hohen Stielen erscheinen im Mittsommer. Langsam bis zur vollen Größe wachsend und am besten im Schatten zu halten. Sieht zusammen mit winterharten rosa oder blauen Storchschnäbeln gut aus.

***H.*'Candy Hearts':** H/B 38x55 cm.

Sämling von *H. nakaiana*. Herzförmige, grüne Blätter und glockenförmige, lavendelfarbene Blüten an 45 cm hohen Stielen im Mittsommer. Zwei jüngst gefundene Sports sind *H.* 'Amber Maiden', die einen gelbgrünen, im Laufe der Saison sich zu Gelb vertiefenden Rand besitzt, und *H.* 'Heartsong' mit einem weißen Rand. Diese wächst wahrscheinlich schwächer.

***H.*'Carrie Ann':** H/B 8x20 cm.

Kleine, gewellte, grüne Blätter mit einem cremefarbenen Rand. Reizende weiße Blüten an 50 cm hohen Stielen im Spätsommer. Läßt sich für den schattigen Steingarten mit *Mitella caulescens* und winzigen Farnen verwenden.

***H.*'Celebration':** H/B 25x45 cm.

Kleine, grüne lanzettliche Blätter mit cremefarbener Mitte. Lavendelfarbene Blüten im Sommer. Auffallende rote Samenkapseln. Braucht Halbschatten und sorgfältige Pflege, da sie von den Schnecken geliebt wird. Wächst am besten in einem Topf, da sie keine gute Gartenpflanze ist. Die Blätter werden aber von Floristen geschätzt.

***H.* 'Chartreuse Wiggles':** H/B 8x25 cm.

Schmale, gekräuselte, lanzenförmige Blätter von grünlichgelber Farbe. Lavendelfarbene Blüten im Spätsommer. Dies ist eine kleine interessante Hosta, die in ihren ersten Jahren am Standort gute Pflege benötigt. Man zieht sie wahrscheinlich am besten auf einem erhöhten Beet im Halbschatten. Ausläufertreibend.

***H.* 'Chinese Sunrise':** H/B 38x70 cm.

Form von *H. cathayana*. Schmale, lanzenförmige, glänzend gelbgrüne bis goldene Blätter mit einem grünen Rand. Die Farbe verblaßt im Sommer zu einem einheitlichen Grün. Ausläuferbildend und wüchsig. Zahlreiche dunkellavendel Blüten im Spätsommer. Läßt sich gut mit *Hakonechloa macra* 'Alboaurea', *Hosta* 'Inaho' und dunkelgrünen Filigranfarnen verbinden.

***H.* 'Christmas Tree':** H/B 45x90 cm.*

Aus einer Kreuzung mit *H.* 'Frances Williams' entstanden. Große, stark gehämmerte grüne Blätter mit einem cremeweißen Rand. Hell-lavendelfarbene Blüten vom Mittsommer an. Diese sitzen an stark beblätterten Stielen, die den Eindruck eines Weihnachtsbaumes geben. Sieht die ganze Vegetationszeit über ausgezeichnet aus und sogar der Blütenstengel mit seinen fast schwarzen Samenkapseln sollte Floristen ansprechen. Man pflanze sie für eine dekorativ aussehende Gruppe zusammen mit *Veratrum nigrum*, *Salix eleagnos angustifolia*, Farnen und *Ophiopogon planiscapus nigrescens* im lichten Schatten.

***H. clausa normalis*:** H/B 20x60 cm.

Glänzende, dunkelgrüne Blätter mit auffälligen purpurnen, trichterförmigen Blüten auf 60 cm hohen Stielen im Mittsommer. Gut als Bodendecker zu verwenden, da sie Ausläufer treibt. Außerdem sind ihre Blüten sehr attraktiv. Wie alle grünen Hosta-Sorten sehr unterbewertet.

***H.* 'Colossal':** H/B 90x100 cm.

Ein riesiger Busch von großen, grünen Blättern mit blaßlavendel Blüten im Mittsommer. Schlichte grüne Hosta sind sehr brauchbar, da Grün einen Ruhepunkt für die Augen bildet. Man unterpflanze sie mit *Pachysandra terminalis* 'Variegata' zur vollständigen Bodenbedeckung.

***H. crispula*:** H/B 60x90 cm.

Große, herzförmige, dunkelgrüne Blätter mit einigen Wellen am Rand und einem unregelmäßigen weißen Rand. Trompetenförmige, hell mauvefarbene Blüten an hohen Stielen im Mittsommer. Aufsehenerregend, wenn sie sich in gutem Wuchs befindet. Sie benötigt aber eine sehr sorgfältig ausgesuchte Stelle im lichten Schatten, außer der Reichweite von Wind und der Gefahr von Spätfrösten. Sieht entzückend mit Salomonssiegel und blauen Blüten aus.

***H.* 'Daybreak':** H/B 50x75 cm.

Ein dichter Klumpen mit glänzendem, tiefgoldenem Blattwerk. Die Blätter haben eine gute Struktur. Lavendelblaue Blüten an 70 cm hohen Stielen. Nicht sehr bekannt, aber in den USA in hohem Ansehen stehend. Wüchsig. Zur Blattausfärbung am besten in gedämpftem Licht. Für eine auffallende Gruppierung unterpflanze man sie mit der Maiglöckchenform *Convallaria majalis* 'Lineata' (='Albostriata').

***H. decorata*:** H/B 30x75 cm.

Mittelgroßes, breit ovales, grünes Blatt mit einem weißen Rand. Durch das stumpfe, abgerundete Ende unterscheidet sie sich von *H. undulata* 'Albo-marginata' (*H.* 'Thomas Hogg'). Die Blütenschäfte sind 60 cm hoch mit eng ausgezogenen, glockenförmigen, dunkelvioletten Blüten im Mittsommer. Sie wird heute nur selten gepflanzt, da sie nicht sehr wüchsig ist. Wenn es ihr aber in kühlem Waldboden zusagt, deckt sie weit ausgedehnte Flächen, da sie Ausläufer bildet. *H.* 'Betsy King' ist ein ausschließlich grüner, sehr blühwilliger Sämling.

***H.* 'Dorset Blue':** H/B 20x45 cm.

Tardiana-Gruppe TF 2x4. Kleine, sehr blaue, leicht gewölbte Blätter mit grau-lavendel Blüten im Mittsommer gerade über dem Blattschopf. Mit die beste Sorte unter den kleinen blauen Hosta. Entzückend im lichten Schatten als Einfassung oder in einem Alpinenbeet zusammen mit kleinen Storchschnäbeln wie *Geranium renardii*.

**H. 'Duchess':** H/B 13x25 cm.

Sport eines Sämlings von *H. nakaiana*. Ein kleiner Busch von dunkelgrünen, lanzettlichen Blättern mit einem cremeweißen Rand. Die Blütenstiele sind 45 cm hoch und tragen mittelpurpurne Blüten im Mittsommer. Man kann sie für winzige Gärten und Alpinenbeete verwenden. Sie benötigt lichten Schatten.

**H. 'Elfin Power':** H/B 20x38 cm.

Schmale, lanzettliche, mittelgrüne Blätter mit einem weißen Rand. Rispen von lavendelfarbenen Blüten an 60 cm hohen Stielen im Spätsommer. Sehr hübsch. *H.* 'Pixie Power' hat ein schmales grünes Blatt und wird nur 10 cm hoch. Beide wachsen langsam und benötigen etwas Schatten.

**H. 'Emily Dickinson':** H/B 50x75 cm.

Ein mittelgrünes Blatt mit einem unregelmäßigen cremefarbenen Rand. Zahlreiche, duftende, klar lavendelfarbene Blüten an 70 cm hohen Stielen im Mittsommer. Diese Sorte wird sehr verbreitet werden, wenn ihr hoher Preis heruntergeht.

***H. fluctuans* 'Variegated':** H/B 90x100 cm.*

Großer, aufrechter, vasenförmiger Busch stark strukturierter Blätter mit grüner Mitte und einem cremegoldenen Rand, der von blaßlavendel Blüten an 150 cm hohen Stielen im Mittsommer überragt wird. Diese Sorte benötigt lange Zeit zur Reife, ist dann aber sehr dekorativ. Eine sehr auserlesene, bisher noch teuere Hosta, die in jedem Garten gepflanzt werden sollte. Sie bildet einen eindrucksvollen Blickpunkt zwischen Farnen und wird besser als Einzelpflanze zusammen mit kontrastierenden Blättern in einer schattigen Ecke verwendet. Die Japaner verwenden sie als Topfpflanze.

***H. fortunei*:** H/B 60x90 cm.

Eine verwandte Gruppe von Hosta-Formen, die keine Arten sind, aber aus Bequemlichkeit ihre Artnamen behalten. Gute Blattpflanzen mit herzförmigen Blättern, die mittelgroße Büsche mit überwiegend mauve-violetten Blüten hoch über dem Blattwerk im Spätsommer bilden. Sie treiben spät aus, so daß sie selten durch Spätfröste geschädigt werden. Sie eignen sich alle gut als Pflanzen im Topf. Der Name *H. fortunei* wird heute nur für eine schlicht grüne Sorte verwendet, was botanisch aber nicht korrekt ist.

***H. fortunei* 'Albo-marginata' ('Marginato-alba'):** H/B 55x80 cm.

Dunkelgrüne Blätter mit einer weißen Rückseite sind von einem unregelmäßigen weißen Rand eingefaßt, der innerhalb der Pflanze und von Jahr zu Jahr sehr variieren kann. Wenn sie optimal steht, kann sie hervorragend sein, aber oft enttäuscht sie. Braucht unbedingt feuchten Schatten.

***H. fortunei* 'Albo-picta':** H/B 55x90 cm.

Im Frühling sind die Blätter cremegelb und haben einen grünen Rand. Wenn die Saison voranschreitet, verblassen sie zu einem stumpfen Grün. Dies wird durch sehr warmes Wetter beschleunigt. Trompetenförmige, hell-mauvefarbene Blüten im Mittsommer. *H.* 'Chelsea Babe' sieht wie eine kleinere Version von ihr aus. Sie wurde so benannt, weil sie in Großbritannien gegen Ende Mai, der Zeit der CHELSEA FLOWER SHOW, am besten aussieht. Sie hat wahrscheinlich eine gemischte Elternschaft und ist nicht sehr wüchsig. *H.* 'Phyllis Campbell' sieht wie eine wüchsigere *H. fortunei* 'Albo-picta' aus mit Blättern, die eine dickere Substanz haben und später verblassen. Alle genannten Sorten benötigen Halbschatten.

***H. fortunei* 'Aurea':** H/B 40x75 cm.

Mittelgroße, zartgelbe Blätter, die vergrünen. Blaßpurpurne Blüten an 60 cm hohen Stielen im Mittsommer. Sehr attraktiv als Unterpflanzung von Sträuchern und besonders brauchbar, wenn man ein goldenes Thema im Frühsommer, aber nicht später braucht. Zwei verbesserte Formen sind *H.* 'Gold Haze' und *H.* 'Gold Leaf'. Die erste ist viel größer und wüchsiger als der Typ. Sie bildet einen in Wellen abfallenden Busch, der im Frühlingsgarten sehr

**Bild: Junge Pflanzen von *H.* 'Regal Splendor' (mit cremefarbenen Rand) und *H.* 'Hadspen Blue' mit *Astilbe simplicifolia* 'Sprite', *Acer negundo* 'Flamingo' und *Rubus thibetanus* 'Silver Fern'.**

eindrucksvoll ist. *H.* 'Gold Leaf' besitzt einen Schimmer auf dem Blatt. Beide Sorten vergrünen später in der Vegetationsperiode.

***H. fortunei* 'Aureo-marginata':** H/B 55 x 90 cm.*

Diese Sorte besitzt einen hellgelben Rand zu einem mittelgrünen Blatt. Violette, trompetenförmige Blüten hängen an 90 cm hohen Stielen im Mittsommer. Sie bildet einen ausgezeichneten, wüchsigen Busch, der besonders wirkungsvoll ist, wenn er mit *Ligularia przewalskii* 'The Rocket', *Iris pseudacorus* 'Variegata' und *Matteuccia struthiopteris* in einer feuchten Rabatte gepflanzt wird. Dort kann diese Hosta auch etwas mehr Sonne vertragen. Ausgezeichnet für Floristen. Außerdem ist sie für einen Topf gut geeignet.

***H. fortunei* 'Hyacinthina':** H/B 60 x 90 cm.

Leicht gerunzelte, graugrüne Blätter mit einer feinen weißen Randlinie. Gutgeformte, trichterförmige, violette Blüten hoch über den Blättern im Mittsommer. Eine unschätzbare Sorte für eine Massenanpflanzung und als Unterlage zu grelleren Farben. *H. fortunei* 'Hyacinthina Variegata' besitzt einen breiteren, cremefarbenen Rand, der im Laufe der Saison verblaßt.

**H. 'Fragrant Bouquet'**: H/B 45 x 65 cm.

Sie bildet einen dichten Busch von apfelgrünen Blättern, die mit einem cremegelben Rand eingefaßt sind, und hat sehr große, duftende, weißliche Blüten an 90 cm hohen Stielen im Sommer. Diese Sorte ist immer noch sehr teuer, wird aber trotzdem an Beliebtheit zunehmen, da die Blüten unübertroffen sind. Man sagt von ihr, sie sei sonnenverträglich und schädlingsresistent. Entzückend mit Farnen sowie grün und gold panaschierten Gräsern. Auch zum Pflücken!

**Bild: Die relativ neue Sorte *H.* 'Mildred Seaver' ist hier zusammen mit *Polystichum braunii* gepflanzt, einem Farn mit dunkelgrünen, glänzenden Wedeln, der das breite cremefarbene Band des Hostablattes betont.**

**H. 'Fragrant Gold'**: H/B 48 x 65 cm.

Sämling von *H.* 'Sum and Substance'. Mittelgroße, dick strukturierte, grünlichgoldene Blätter, die sonnenverträglich sind. 75 cm hohe Stiele tragen an reich beblätterten Blütenschäften duftende, bläuliche, trompetenförmige Blüten, die im Spätsommer erscheinen.

***H.* 'Francee':** H/B 55x90 cm.*

Eine Form von *H. fortunei*. Ausgezeichnete, herzförmige, weißgerandete Blätter in einem satten Grün. Blaßlavendel Blüten an 75 cm hohen Stielen. Eine der besten Sorten im Garten und im Topf. Gesellt sich wundervoll zu *Aruncus aethusifolius*, *Geranium sanguineum album*, Farnen und höheren Astilben. Sie kann eine eindrucksvolle Schaupflanze in einer Gruppe von weißen und grünen Pflanzen abgeben. Unschätzbar. Treibt spät mit sehr anziehenden jungen Trieben aus und wird selten durch Spätfröste geschädigt. Rasch wachsend. Andere ähnliche Sorten mit weißem Rand sind *H.* 'North Hills' und *H.* 'Carol'.

***H.* 'Frances Williams':** H/B 75x100 cm.*

Prächtiger Sport von *H. sieboldiana* 'Elegans'. Runde, gerunzelte, blaugrüne Blätter von dicker Substanz haben einen breiten Rand aus gedämpftem Gelb. Nahezu weiße Blüten vom Frühsommer an. Man unterpflanze sie mit kleineren blauen Hosta wie *H.* 'Halcyon' und *H.* 'Blue Wedgwood' oder mit *Dicentra formosa* 'Langtrees'. Bei Pflanzung in zu viel Sonne verbrennt der Blattrand. Wenn sie aber an einer feuchten Stelle im lichten Schatten wächst, kann sie zu einer der eindrucksvollsten Hosta-Sorten werden. *H.* 'Samurai' ist sehr ähnlich, wächst aber schneller und verträgt mehr Sonne. Einige Formen scheinen besser als andere zu sein. Es kann sich aber mit der Zeit herausstellen, daß alle gleich gut wachsen. Teilstücke von ausgewachsenen Klumpen scheinen denjenigen von jüngeren Pflanzen und von Pflanzen aus der Gewebekultur überlegen zu sein.

***H.* 'Fresh':** H/B 20x50 cm.

Goldene, gewellte, lanzenförmige Blätter mit einem cremefarbenen Rand. Lavendelfarbene Blüten im Mittsommer. Braucht Schatten oder gedämpftes Licht und ergibt eine interessante Einfassungspflanze. Außerdem kann sie im Steingarten als wirkungsvoller Kontrast zu Moossteinbrechen und anderen Alpinenpflanzen verwendet werden.

***H.* 'Fringe Benefit':** H/B 60x90 cm.

Gute, strukturierte, herzförmige grüne Blätter. Sie sind mittel bis groß und haben einen breiten cremefarbenen Rand. Lavendelfarbene Blüten im Frühsommer. Wächst gut. Diese Sorte scheint gegenüber Schnecken weniger anfällig zu sein als andere. Sie läßt sich zum Bepflanzen großer Flächen verwenden. Kann an ziemlich sonnigen Stellen wachsen, obwohl das Blatt in etwas Schatten sicherlich attraktiver aussieht. Eine einfach zu pflegende, anpassungsfähige Sorte, die vielfältig verwendet werden kann. Man pflanze sie mit *Arum italicum* 'Pictum' und *Polygonatum*.

***H.* 'Frosted Jade':** H/B 80x100 cm.

Sehr großer Busch von frostig graugrünen Blättern mit einem weißen Rand. Blaßlavendel Blüten im Mittsommer. Man pflanze sie im lichten Schatten zusammen mit *Cornus alba* 'Elegantissima' und *Brunnera macrophylla*.

***H.* 'Geisha':** H/B 35x45 cm.

Gelbgrüne, glänzende Blätter mit einem dunkleren grünen Rand, die leicht gekräuselt sind und eine gute Struktur besitzen. Eine gedrehte, aufrechte Wuchsform macht diese Hosta zu einer sehr ungewöhnlichen Sorte. Hellpurpurne Blüten vom Mittsommer an. Eine wünschenswerte Sorte mit Zukunft. Man gruppiere sie mit anderen gringoldenen Sorten wie *H.* 'Spritzer', *H.* 'Inaho' und *H.* 'Chinese Sunrise', Farnen und gelblaubigen Gräsern.

***H.* 'George Smith':** H/B 90x100 cm.*

Der erste registrierte Sport von *H. sieboldiana* 'Elegans' mit einer goldenen Mitte und einem blauen Rand. Sie tauchte im Garten von George Smith, dem sehr bekannten Meisterfloristen, auf. Sie wird in Zukunft in den Handel kommen. Hervorragendes Blattwerk, das sich am besten im lichten Schatten entwickelt. Weiße Blüten im Frühsommer knapp über den Blättern. Ähnlich sind *H.* 'Borwick Beauty' und *H.* 'Color Glory', wenn nicht gar identisch. Die Zeit wird lehren, ob alle *H.* 'George Smith' genannt werden müssen. Unschätzbar für den Floristen. Man verwende sie mit schlichteren Nachbarn als Einzelpflanze.

***H.*'Ginko Craig'**: H/B 25 x 45 cm.*

Lanzenförmige, weißgerandete, grüne Blätter mit attraktiven, purpurnen Blüten an hohen Stielen im Spätsommer. Schnelles Wachstum. Brauchbar als Einfassungspflanze, und um größere weißgerandete Hosta-Sorten in einer etwas schattigen Rabatte zu unterpflanzen. Wächst gut auch in einem Topf.

***H.*'Gloriosa'**: H/B 45 x 60 cm.

Form von *H. fortunei*. Ein dünner weißer Rand umfaßt ein gewölbtes, dunkelgrünes Blatt. Mauvefarbene Blüten im Mittsommer. Sie ist in der Kultur nicht einfach. Wenn sie aber gut wächst, ist sie außergewöhnlich und sehr fein. Man sollte sie nicht unter die Traufe von Bäumen setzen und ihr einen Platz mit etwas Schatten und gute Pflege geben.

***H.*'Goldbrook'**: H/B 55 x 100 cm.*

Form von *H. fortunei*. Dichter, wellig herabfallender Busch mit grünen Blättern, die von einem breiten cremegelben Rand eingefaßt sind. Dieser kann sich so weit in das Blatt erstrecken, daß eine Wirkung wie von Marmor entsteht. Der Rand verblaßt zu einem Cremeweiß. Im Mittsommer erscheinen blaßlavendel Blüten an 70 cm hohen Stielen. Sie bildet eine ausdrucksvolle Pflanze für Topfkultur und hat ein ausgezeichnetes Blatt für den Floristen. Man pflanze sie mit *Pachysandra terminalis* 'Green Carpet' und der Anemonen-Hybride 'Alba' zusammen. *H.* 'Spinners' ist ähnlich, hat aber größere Blätter und treibt im Frühjahr später aus.

***H.*'Goldbrook Gold'**: H/B 60 x 75 cm.

Sämling aus einer frei bestäubten *H. sieboldiana*. Stark strukturierte, herzförmige, goldene Blätter mit einer weißen Rückseite. Sie verträgt etwas Sonne. Obwohl sie nur langsam wächst, sollte man mit ihr Geduld haben. Sie hat eine viel bessere Qualität als *H.* 'Golden Sunburst', die bei einem nicht schattigen Standort böse Brennflecken bekommt.

***H.*'Goldbrook Grace'**: H/B 15 x 25 cm.

Sport von *H.* 'Golden Prayers'. Ein goldenes Blatt mit einem unregelmäßigen dünnen grünen Rand. Beim Fortschreiten der Saison verblaßt dies zu einem beige-grünen Rand mit einer mehr cremegelben Mitte. Während des Sommers erscheinen blaßlavendel Blüten, die gerade über den Blättern stehen. Sie scheint gut zu wachsen und läßt sich gut mit *H.* 'Zounds' in einer halbschattigen Stelle zusammenpflanzen. Auch für den Steingarten zu verwenden.

***H.*'Gold Edger'**: H/B 30 x 45 cm.

Kleine, herzförmige, grünlichgoldene Blätter. Zahlreiche hell-lavendelfarbene Blüten im Mittsommer. Eine rasch wachsende Sorte, die einige Sonne zum Ausfärben benötigt. Brauchbar für Einfassungen. *H.* 'Birchwood Parky's Gold' ist ähnlich, besitzt aber eine dünnere Blattstruktur und ist weniger sonnenverträglich (obwohl sie im tiefen Schatten nicht ausfärbt). Sie tauchte manchmal als *H.* 'Golden Nakaiana' auf. Dies ist kein gültiger Name. Beide Sorten sind wüchsige, attraktive Pflanzen für Bodenbedeckung.

***H.*'Gold Regal'**: H/B 60 x 90 cm.

Mittlere bis große, gelblichgrüne Blätter von aufrechtem Wuchs. Hohe Stiele mit guten, glockenförmigen, lavendelfarbenen Blüten im Mittsommer. Im der Jugend ist sie eine ziemlich plump aussehende Pflanze, die mit der Zeit zu einer guten Gartenpflanze wird. Ihre Blätter sind dann so dick, daß sie nur selten geschädigt werden. Sie können etwas Sonne aushalten, solange der Standort feucht ist. Im Schatten wird sie sich nicht ausfärben. Sie sollte mit einer Unterpflanzung versehen werden, läßt sich aber nicht für Einzelstellung oder als Topfpflanze verwenden.

***H.*'Gold Standard'**: H/B 65 x 100 cm.*

Sport von *H. fortunei*. Die herzförmigen Blätter treiben grün aus, verändern sich aber allmählich zu Gold, eingefaßt mit einem grünen Rand. Blaßlavendel Blüten im Mittsommer. Bei guter Pflege und richtigem Standort ist sie eine der besten neueren Hosta-Sorten. Sie braucht

*H.*'Krossa Regal' wächst zusammen mit *H. montana* 'Aureo-marginata' in Longwood Gardens in den USA. Beide sind ausgezeichnete Hosta-Sorten für Topfkultur und für den Floristen.

*H.*'Shade Fanfare' ist eine zuverlässige Sorte.
Aufgenommen im Garten von David Foreman in Großbritannien.

gedämpftes Licht. Zu viel Sonne, und sie bleicht aus, nicht genügend Sonne, und die goldene Färbung entwikkelt sich nicht. Ausgezeichnet im Garten und im Topf. Sie ist eine Freude für den Floristen. Man verwende sie als Blickpunkt in einer grünen und goldenen Gruppierung. Der goldene Sport heißt *H.* 'Richland Gold'. Diese Sorte ist ähnlich in der Wuchsform, besitzt aber eine helle gelblichgrüne Farbe. Sie braucht lichten Schatten.

***H.*'Golden Bullion':** H/B 30x45 cm.*

Einheitlich goldener Sport von *H. tokudama* 'Flavo-circinalis'. Grünlichgelbe, gewölbte Blätter mit einer leicht ausgezogenen Spitze. Sie blüht mit blaßlavendel Blüten gerade über den Blättern. Bis jetzt ziemlich neu, aber in den USA sehr hoch bewertet. Scheint besser zu wachsen als *H.* 'Golden Medallion'.

***H.*'Golden Medallion':** H/B 38x60 cm.

Einheitlich goldener Sport von *H. tokudama* 'Aureonebulosa' und *H. tokudama*. Stark gehämmerte, gewölbte, goldene Blätter mit Blütentrauben von fast weißen Blüten im Frühsommer. Schädlingsresistent, aber sehr langsam wachsend. Keine gute Pflanze für einen Topf. Viele der unter diesem Namen verkauften Pflanzen sind *H.* 'Golden Sunburst', die viel größer wird und auch schneller wächst.

***H.*'Golden Prayers':** H/B 35x60 cm.*

Kleine bis mittlere goldene Blätter, die ausgewachsen leicht gerunzelt sind. Blaßlavendel Blüten im Frühsommer und oft Nachblüte. Am besten im Halbschatten, da sie gut ausfärbt. Bei zu geringem Licht vergrünt sie zu einem gelblichgrünen Ton. Sieht als Unterpflanzung zu Gruppen anderer ähnlich gefärbter Hosta-Sorten wirkungsvoll aus. Eine gute Pflanze im Topf und beliebt bei Floristen für kleinere Arrangements. *H.* 'Little Aurora' ist sehr ähnlich, aber etwas kleiner.

***H.*'Golden Sculpture':** H/B 75x100 cm.*

Breite, gelblichgrüne Blätter von guter Substanz, die einige Sonne aushalten können, solange der Standort nicht heiß und trocken ist. Bildet einen großen, eindrucksvollen Busch. Schädlingsresistent. Nahezu weiße, trompetenförmige Blüten an 90 cm hohen Stielen. Man verwende sie als Blickpunkt, unterpflanzt mit kleineren Hosta-Sorten in Gold, niedrig wachsenden weißen Astilben, gelben Taglilien und Farnen. Ausgezeichnete Pflanze für den Garten und für floristische Zwecke.

***H.*'Golden Sunburst':** H/B 75x100 cm.

Diesen Namen tragen alle goldenen Sports von *H.* 'Frances Williams', ob sie nun natürlich entstanden sind oder aus der Gewebekultur stammen. Große, goldene Blätter, die in der Sonne verbrennen und mindestens gedämpftes Licht brauchen. Allerdings vergrünen sie im Vollschatten. Weißliche Blüten im Frühsommer.

***H.*'Golden Tiara':** H/B 30x50 cm.*

Sport von *H. nakaiana*. Kompakte, herzförmige grüne Blätter, eingefaßt mit einem goldenen Rand. An 60 cm hohen Stielen sitzen purpurne Blüten im Mittsommer. Wüchsige, attraktive kleinere Sorte, die, unterpflanzt mit *Chrysogonum virginianum*, sehr gut für den Vordergrund der Rabatte geeignet ist. Sie ist der Ausgangspunkt einer Anzahl von Sports, von denen einige natürlich und andere in der Gewebekultur entstanden sind. Sie bilden jetzt die Tiara-Serie. Die folgenden sind von Interesse; einige von ihnen bieten große Möglichkeiten für den Garten und die Topfkultur: *H.* 'Diamond Tiara' hat ein grünes Blatt mit einem cremefarbenen Rand. *H.* 'Emerald Tiara' besitzt mit einer goldenen Mitte und einem grünen Rändchen die umgekehrte Farbverteilung von *H.* 'Golden Tiara'. Sie scheint wüchsig zu sein. *H.* 'Golden Scepter' ist die einheitlich goldene Version, die etwas Schatten benötigt. Sie ist zu Beginn der Saison sehr leuchtend, besitzt aber ein ziemlich dünnes Blatt. *H.* 'Jade Scepter' ist gelblichgrün, wüchsig, und sollte Floristen ansprechen. Man pflanze sie unter *Polygonatum falcatum* 'Variegatum'. *H.* 'Platinum Tiara' hat ein goldenes Blatt mit einem weißen Rand. Obwohl sie anfangs langsam wächst, bildet sie mit der Zeit einen eindrucksvollen Busch. Sie braucht aber etwas Pflege und bevorzugt lichten Schatten.

***H.*'Goldsmith'**: H/B 50x75 cm.

Dies ist eine von Eric Smith's goldenen Hosta-Sorten mit *H. fortunei* 'Aurea' unter den Eltern. Früh golden austreibendes Blatt, das die Farbe fast über die ganze Saison hält, überragt von beblätterten Blütenschäften mit lavendelfarbenen Blüten im Mittsommer. Aufrechte Wuchsform und ein ausgezeichneter Wachser. Diese Sorte wurde ursprünglich an Jerry Webb mit dem Namensschild *H.* 'Goldsmith' gegeben. Später wurde angenommen, daß sie *H.* 'Granary Gold' sei. Da aber eine Beschreibung einer ähnlichen Pflanze unter diesem Namen veröffentlicht wurde, besagen die Regeln der Nomenklatur, daß der ursprüngliche Name 'Goldsmith' seine Gültigkeit hat. Diese Sorte wurde wahrscheinlich auch als *H.* 'Golden Age' und *H.* 'Golden Haze' verbreitet, die viel früher in der Saison vergrünt. *H.* 'Granary Gold' gehört zu den besten goldenen Hosta-Sorten von Eric Smith. Sie hat große goldene Blätter, die gegen Ende des Sommers zu einem Cremegrün ausbleichen.

***H.*'Great Expectations'**: H/B 55x85 cm.*

Sport von *H. sieboldiana* 'Elegans' aus dem Garten von John Bond, dem Keeper (Oberaufseher) der Savill Gardens in Windsor/England. Obwohl sie durch die gleiche Mutation wie *H.* 'George Smith' entstanden ist, sieht sie verschieden aus. Blaugrüne Blätter mit einer goldenen Mitte. Weiße Blüten an bis zu 82 cm hohen Stielen vom Frühsommer an. Auserlesen als die Hosta-Sorte der Neunziger Jahre. Sieht sogar als junge Pflanze außergewöhnlich aus. Man pflanze sie zusammen mit *H.* 'Halcyon' und goldgelben Gräsern.

***H.*'Green Fountain'**: H/B 90x110 cm.*

Sämling von *H. kikutii*. Glänzender, in Wellen herabfallender grüner Busch mit überhängenden Stielen, an denen blaßlila Blüten vom Mittsommer bis zum Herbst hängen. Eine sehr aparte und ausgezeichnete grüne Hosta, die gut wächst. Der rötliche Hauch an den Blattstielen wird durch Zusammenpflanzung mit dem Farn *Dryopteris erythrosora* verstärkt, der mit kupferfarbenen Wedeln austreibt. Ausgezeichnete Wuchsform für ein Gefäß und beliebt bei den Floristen.

***H.*'Green Piecrust'**: H/B 70x90 cm.*

Große, am Rande stark gewellte, dunkelgrüne Blätter, die an die Randkruste einer Pastete („Pie") erinnern. Blaßlavendel Blüten im Frühsommer. Kann im lichten Schatten unterpflanzt mit Epimedium wirkungsvoll aussehen.

***H.*'Green Sheen'**: H/B 70x100 cm.*

Gut strukturierte, hellgrüne Blätter, die einen Schimmer besitzen. Blaßlavendelfarbene Blüten im Spätsommer. Obwohl „nur" grün, ist diese Sorte doch eine ungewöhnliche, vornehme Pflanze, die einen großen Busch bildet und einen wirkungsvollen hellen Kontrast in einer Rabatte mit *Helleborus corsicus* und *Euphorbia amygdaloides robbiae* abgibt.

***H.*'Ground Master'**: H/B 25x55 cm.

Ein gewelltes, lanzenförmiges, mattgrünes Blatt mit einem cremefarbenen Rand. Hohe, attraktive purpurne Blüten im Spätsommer. Wüchsiger Bodendecker und als Einfassung im Schatten oder gedämpften Licht geeignet. *H.* 'Resonance' ist sehr ähnlich, besonders im Jugendstadium. Wirkungsvoll bei Pflanzung unter *H. ventricosa* 'Aureo-marginata' in einer Hosta-Rabatte.

***H.*'Ground Sulphur'**: H/B 13x20 cm.

Schmale, lanzettliche, goldene Blätter und Trauben von blaßlavendelfarbenen Blüten an 20 cm hohen Stielen im Mittsommer. Guter Wachser, der einige Sonne auszuhalten scheint. Eine Sorte für das Alpinenbeet oder für den Rand eines kleinen Beetes.

***H.*'Hadspen Blue'**: H/B 30x60 cm.

Tardiana-Gruppe TF 2x7. Mittelgroße, blaue, bereifte, dicke Blätter. Blütenstiele mit purpurnen Tupfen am Stengelgrund tragen lavendelfarbene Blüten im Mittsommer gerade über dem Laub. Schädlingsresistent. Langsam bis zur vollen Größe wachsend. Wenn man sie im Halbschatten zieht, wird sie schließlich zu einer der blauesten Sorten im Garten. Entzückend zusammen mit *Dicentra* 'Pearl Drops'.

*H.* 'Sum and Substance' wächst in einem Topf in der GOLDBROOK PLANTS Gärtnerei.
Sie gehört zu den besten Hosta-Sorten mit Resistenz gegen Schneckenfraß. Ausgezeichnete gelblichgrüne Blätter.

**_H._ 'Frances Williams' beginnt teilweise zu Gold zu mutieren. Wenn dieses Teilstück abgetrennt und separat aufgepflanzt wird, heißt die Sorte mit dem ihr zugeteilten Namen _H._ 'Golden Sunburst'.**

**H. 'Hadspen Heron':** H/B 23 x 55 cm.

Tardiana-Gruppe TF 2 x 10. Kleines, schmales, blaugrünes, bereiftes Blatt. Kurzer Blütenstiel mit Trauben von blaßlavendel Blüten im Mittsommer. Treibt früh aus und kann dann durch Frost geschädigt werden. Sie sieht bei regelmäßiger Teilung besser aus. Wenn man sie zu einem großen Klumpen wachsen läßt, wirkt sie ziemlich unordentlich.

**H. 'Halcyon':** H/B 38 x 70 cm.*

Tardiana-Gruppe TF 1 x 7. Sehr blaue, herzförmige Blätter, die im Schatten sogar noch ein tieferes Blau besitzen. Schöne lilablaue Blüten auf purpurgetönten Stielen im Mittsommer. Eine der besten Sorten aus der Tardiana-Gruppe, die ihre Färbung über die meiste Zeit der Vegetationsperiode behält. Unschätzbar im schattigen Garten und ein ausgezeichneter Bodendecker unter Sträuchern. Besonders wirkungsvoll mit silbrigem Laub und unter Strauchrosen. Sie ist eine der wenigen blauen Hosta-Sorten, die im Topf bis zur vollen Größe gut wächst. Von ihr sind einige Sports entstanden, von denen eine *H.* 'Goldbrook Glimmer' ist. Diese hat blaue Blätter mit einer wolkigen, helleren Mitte. Dies ist ein ungewöhnlicher Farbeffekt, der für die floristische Verwendung interessant sein wird.

**H. 'Harmony':** H/B 18 x 40 cm.

Tardiana-Gruppe TF 2 x 3. Ähnlich in der Blattform wie *H.* 'Hadspen Heron', aber mit purpurgetupften Blütenstielen und purpurnen Blüten, die innerhalb der ganzen Gruppe zu den dunkelsten gehören.

**H. 'Holly's Honey':** H/B 45 x 60 cm.

Glänzende, dunkelgrüne, stark gekrauste Blätter ähnlich *H. ventricosa*. Sehr hohe Blütenstiele mit purpurnen Blüten im Mittsommer. Nur langsam einzugewöhnen, aber eine sehr außergewöhnliche grüne Hosta. Wird bei den Floristen Beliebtheit erlangen, wenn sie leichter erhältlich ist.

***H. 'Honeybells'*:** H/B 75 x 120 cm.

Hybride von *H. plantaginea*. Frischgrüne, wellige Blätter mit Rispen von duftenden Blüten von ganz blasser lila Farbe im Spätsommer. Sehr wüchsig und gut als Bodendecker zu verwenden. Kann mehr Sonne vertragen als viele andere Sorten, darf aber nicht heiß und trocken stehen.

**H. 'Hydon Sunset':** H/B 23 x 45 cm.

Sämling aus *H.* 'Wogon Gold' und *H. gracillima*. Kleine Blätter, die beim Austreiben goldgelb sind und allmählich zu einem stumpferen Farbton verblassen. Glatte 30 cm hohe Stiele mit tief purpurnen Blüten im Mittsommer. Braucht gedämpftes Licht für die beste Blattausfärbung, da sie bei zuviel Sonne verbrennt. Ausgezeichnete Sorte für Einfassungen, oder im Steingarten zu verwenden. *H.* 'Dawn' ('Sunset') ist ähnlich, obwohl sie aus einer anderen Zuchtlinie kommt. Die Goldfärbung hält länger, und sie hat weniger Blattnerven als die vorgenannte. Der Stengelgrund ist leicht gerillt, was auf einen möglichen Einfluß von *H. venusta* hindeutet. Die Blüten sind etwas heller und glockenförmiger. *H.* 'Dawn' wurde unter dem nicht registrierten Namen *H.* 'Sunset' verbreitet. Da sie mit *H.* 'Hydon Sunset' leicht verwechselt werden kann, hat die British Hosta and Hemerocallis Society beschlossen, sie als *H.* 'Dawn' zu registrieren, um eine deutlichere Unterscheidung herbeizuführen. *H.* 'Dawn' wird im Handel außerdem mit *H.* 'Wogon Gold' ('Wogon Giboshi') verwechselt. Diese Sorte wächst schlecht. Sie besitzt länglichere, gelbe Blätter, glatte Stiele und Blüten mit gelben Staubgefäßen (bei *H.* 'Dawn' sind diese bläulich). *H.* 'Dawn' hat kürzlich einen grünrandigen Sport hervorgebracht, der *H.* 'Green with Envy' genannt wird. Diese neue Sorte könnte eine sehr attraktive Zugabe zu Beeten mit kleinen Hosta und schattenliebenden Alpinenpflanzen werden.

***H. hypoleuca*:** H/B 45 x 90 cm.

Hellgrüne, ovale Blätter mit einer auffälligen weißen Rückseite. Die Blütenstiele hängen über. An ihnen sitzen trompetenförmige, blaß mauve-violette Blüten im Spätsommer. Sehr langsam wachsend. Sie benötigt Schatten, kann aber trockene Böden aushalten. Eine kürzlich eingeführte, sehr ähnliche Pflanze wird *H.* 'Maekawa' genannt, die einen symmetrisch abfallenden Busch bildet. Sie blüht mit einer Fülle von lavendelfarbenen Blüten gerade über den Blättern im Mittsommer. Sie scheint wüchsiger zu sein.

***H.* 'Inaho':** H/B 25 x 55 cm.

Eine Form von *H. lancifolia*, die sich unter vielen Namen versteckt hatte, darunter *H. tardiva* und *H. sieboldii* 'Inaho'. In der Farbe sehr ähnlich wie *H.* 'Chinese Sunrise', aber viel kleiner. Die Blätter sind grün und gold gestreift. An 45 cm hohen, rot getupften Blütenstielen sitzen Trauben von purpurnen Blüten mit bläulichen Staubgefäßen. Anfangs sehr langsam, bildet dann aber, wenn sie ausgewachsen ist, einen kleinen sehr anziehenden Busch. Verträgt etwas Sonne.

***H.* 'Invincible':** H/B 30 x 60 cm.*

Leicht gewellte, glänzend grüne Blätter, die ziemlich schneckenfest sind. Büschel von duftenden, hell-lavendel Blüten an 50 cm hohen Stielen im Spätsommer. Dies ist eine ausgezeichnete Hosta-Sorte, die eine weitere Verbreitung verdient. Die Blätter sind sehr ansehnlich und besonders. Ein hübscher Gegenstand für den weißen und grünen Garten. Sie besitzt außerdem mit die besten grünen Blätter für die Floristik. Kann im Gefäß einen eindrucksvollen Klumpen bilden. Sie sieht im lichten Schatten besser aus, obwohl sie etwas Sonne verträgt. Sehr wüchsig.

***H.* 'Iona':** H/B 50 x 70 cm.

Sport von *H. fortunei*. Über dem grünen Blatt liegt ein grauer Schimmer. Dieses hat einen gut abgesetzen cremeweißen Rand, der die ganze Saison lang aushält. Man pflanze sie mit *Liriope muscari*. Eine ähnliche Hosta ist *H.* 'Sundance', welche die panaschierte Form von *H. fortunei* 'Aoki' ist. Hier ist der cremefarbene Rand bei jungen Pflanzen ziemlich schmal, verbreitert sich aber mit zunehmendem Alter.

***H.* 'Iron Gate Glamour':** H/B 70 x 75 cm.

Die mittleren bis großen Blätter sind grün und haben einen cremeweißen Rand. Die Stiele sind 90 cm hoch. An ihnen hängen große, lavendelfarbene, duftende Blüten im Spätsommer. Eine der neueren Sorten mit duftenden Blüten, die bald verbreitet sein wird. Die Blüten sind hell genug, um sie im weißen Garten einsetzen zu können. Dort werden blasse Blüten verwendet, um die Wirkung zu verstärken. Man kann sie mit *H.* 'Invincible' und *H.* 'So Sweet' zu einer zur gleichen Zeit blühenden und duftenden Gruppe zusammenstellen.

***H.* 'Janet':** H/B 38 x 60 cm.*

Grünlichgelbe bis weiße Blätter mit einem grünen Rand. Sie besitzt nur eine dünne Struktur. Lavendelfarbene Blüten im Mittsommer. Sie ist nicht die einfachste Sorte in der Kultur, da sie lichten Schatten benötigt. Sie ist andererseits bei den Floristen beliebt und am besten im Topf zu kultivieren. In ihrer Erscheinung ist sie der viel wüchsigeren *H.* 'Gold Standard' ähnlich.

***H.* 'June':** H/B 25 x 50 cm.*

Ein ganz neuer Sport von *H.* 'Halcyon', der in der Gewebekultur bei Neoplants gefunden wurde. Das bereifte, goldene Blatt besitzt einen schmalen grünlichblauen Rand. Es ist sehr auffallend, obwohl die Pflanze anfänglich langsam wächst. Eine Sorte, die man als Pflanze für Einzelstellung im gedämpften Licht verwenden sollte. Sie wird von den Floristen gesucht werden, sobald sie weiter verbreitet ist. Man stelle sie zu Farnen und goldfarbenen Gräsern.

***H. kikutii*:** H/B 40 x 60 cm.

Schlanke, grüne Blätter von einer überhängenden Form. Etwas geneigte Blütenschäfte sitzen an 60 cm hohen Stielen und haben lavendelfarbene Blüten mit rötlichem Blütenansatz im Frühherbst. Vom Wildstandort stammen mehrere unterschiedliche Formen, die in den USA einen Sortennamen erhalten. Eine elegante Unterlage zu buntblättrigen Hosta und den fedrigen Blüten von *Smilacina racemosa*.

**Bild: *H.*'June' ist ein hervorragender Sport von *H.*'Halcyon', der in der Gewebekultur entstanden ist.**

***H. kikutii* 'Pruinose':** H/B 30x50 cm.*

Die langen, ziemlich schmalen, grünen, an *H. longissima* erinnernden Blätter haben eine feste Substanz und eine weiß bereifte Rückseite. An bis 45 cm hohen Stielen sitzen Büschel von fast weißen, mit einer lavendelfarbenen Spitze versehenen Blüten im Spätsommer und im Frühherbst. Eine besondere, sehr attraktive, aber langsam wachsende Pflanze, die man dort plazieren sollte, wo ihre zarte Wirkung wahrgenommen werden kann. Sie dürfte auch den Floristen zusagen.

***H.* 'Krossa Regal':** H/B 75x100 cm.*

Verwandt mit *H. nigrescens*. Große, bereifte, blaugraue Blätter von dicker Substanz, die mit Fortschreiten der Saison grüner werden. Charakteristischer vasenförmiger Blattbusch. Bis 150 cm hohe Stiele, an denen im Mittsommer lilafarbene, glockenförmige Blüten hängen. Ausgezeichnete Wuchsform, gute Schädlingsresistenz und hervorragend als Landschaftspflanze oder als Pflanze im Kübel. Wirkungsvoll zusammen mit *Hakonechloa macra* 'Alboaurea'.

***H. lancifolia*:** H/B 45x75 cm.

Schmale, lanzettliche, glänzend grüne Blätter bilden einen dichten, überhängenden Busch. Viele Blütenrispen

von trompetenförmigen, dunkelvioletten Blüten mit lilablauen Staubgefäßen vom Spätsommer bis zum Herbst. Durch die Farbe der Staubgefäße unterscheidet sie sich von *H. sieboldii*, die gelbe Staubgefäße besitzt. Ausgezeichnet als Einfassung und als Bodendecker. Einige kleinere Formen sind in Kultur, dazu kommen *H.* 'Change of Tradition' und *H.* 'New Tradition' als buntblättrige Sports.

***H.* 'Leather Sheen':** H/B 35 x 60 cm.

Dunkelgrüne, ledrige, aber dennoch glänzende Blätter. An den Blütenschäften, die bis zu 75 cm hoch sind, sitzen blaßlavendel Blüten im Mittsommer. Eine brauchbare Unterlage für auffälligere Pflanzen.

**Bild: Eine junge Pflanze von *H.* 'Brim Cup', einer ausgezeichneten neuen Sorte, die hier mit *Clematis jouiniana* 'Praecox' zusammengepflanzt wurde.**

***H.* 'Lemon Lime':** H/B 15 x 45 cm.

Kleine, grünlichgoldene, gewellte Blätter ohne purpurne Tupfen auf dem Blattansatz. Dieses Merkmal unterscheidet sie von *H.* 'Hydon Sunset', *H.* 'Dawn' ('Sunset') und *H.* 'Wogon Gold', obwohl sie in der Erscheinungsform ähnlich ist. Lavendelfarbene Blüten an 25 cm hohen Stielen vom Mittsommer an. Eine kleine, wüchsige Hosta für lichten Schatten.

**H. 'Little Blue':** H/B 35 x 45 cm.*

Sämling von *H. ventricosa*. Weder klein noch blau! Glänzende, dunkelgrüne Blätter mit purpurnen Blüten an hohen Stielen im Mittsommer. Viel kleiner als der Elternteil *H. ventricosa*. Ein attraktiver grüner Busch.

**H. 'Little White Lines':** H/B 20 x 45 cm.

Mutation eines Sämlings von *H. venusta*. Kleine, mittelgrüne Blätter sind mit einem weißen Rand eingefaßt. 50 cm hohe Stiele mit purpurfarbenen Blüten im Mittsommer. Scheint wüchsig zu sein.

***H. longipes var. latifolia* 'Urajiro Hachijo':**
H/B 30 x 70 cm.

Diese Form (mit einem unmöglichen Namen) besitzt ein prächtiges, glänzend grünes Blatt von guter Substanz. Das Blatt hat eine weiße Unterseite. Sie ist eine von vielen Formen im Komplex von *H. longipes*, die wiederum eng mit *H. kikutii* verwandt ist. Dieser Formenkreis wird durch überhängende Blütenstiele charakterisiert, die manchmal eine fast waagerechte Position einnehmen. Diese seltene Form hat sehr auffälliges Laub. Sie wächst sehr langsam und hat etwa 75 cm hohe leicht überhängende Stiele.

***H. longissima*:** H/B 25 x 50 cm.

Sehr lange, schmale Blätter von stumpfgrüner Farbe haben eine etwas ledrige Beschaffenheit. Starke, 55 cm hohe Stiele mit rötlich purpurnen trichterförmigen Blüten mit blau-purpurnen Staubgefäßen im Spätsommer. Die Blüten von *H. sieboldii*, die öfters fälschlich für *H. longissima* gehalten wird, besitzen gelbe Staubgefäße. Ich besitze eine Form mit viel kürzeren Blattstielen und Blüten ohne rötliche Tönung. Dies könnte *H. longissima brevifolia* sein oder lediglich eine andere Spielart vom Wildstandort. Es existieren viele neue Formen, darunter einige buntblättrige, die derzeit unter einem Kultivarnamen registriert werden. *H. longissima* bevorzugt einen feuchten Standort, der nicht zu schattig ist. Sie sollte so gestellt werden, daß man ihre langen schmalen Blätter richtig wahrnehmen kann.

**H. 'Love Pat':** H/B 45 x 90 cm.*
Sämling von *H. tokudama*, der größer als die Art ist. Wundervoll gewölbte, graubereifte blaue Blätter, über denen im Frühsommer weißliche Blüten hängen. Eine ausgezeichnete neuere Hosta-Sorte, die es wert ist, daß man mit ihr Geduld hat, da sie nur langsam wächst. Sie ist von *H.* 'Buckshaw Blue' deutlich verschieden, die ebenfalls ein Sämling von *H. tokudama* ist. Man pflanze sie für eine blau-silberne Gruppe mit niedrigwachsenden schattenliebenden Stauden wie *Lamium maculatum* 'White Nancy' gegen einen Hintergrund von *Elaeagnus angustifolia* 'Caspica' zusammen, damit das Blattwerk richtig gewürdigt werden kann. Da die gewölbten Blätter organischen Abfall aufsammeln, setze man sie am besten nicht unter Bäume.

**H. 'Midas Touch':** H/B 50 x 65 cm.*
Dicke, goldene, gekräuselte und gewölbte Blätter mit einem Schimmer. Blaßlavendel Blüten sitzen im Mittsommer an 50 cm hohen Stengeln. Sehr langsam wachsend. Benötigt etwas Sonne zum Ausfärben und kann in Gegenden mit kühlem Klima in der vollen Sonne gezogen werden. Man pflanze sie in feuchtem Boden mit *Molinia caerulea* 'Variegata', *Cornus alba* 'Aurea' und *Iris sibirica* zusammen.

**H. 'Mildred Seaver':** H/B 40 x 60 cm.*
Gute, rundliche, grüne Blätter von mittlerer Größe mit einem cremegelben, später weiß werdenden Rand. Viele Blütenstiele mit blaßlavendel Blüten im Mittsommer. Scheint wüchsig zu sein. Am besten im Halbschatten als Blickpunkt einer grünen Rabatte. Wirkt sehr gut mit grünen Farnen wie *Polystichum setiferum* 'Herrenhausen'.

***H. minor*:** H/B 15 x 45 cm.*
Kleine, dunkelgrüne Blätter mit gewellten Rändern mit 45 cm hohen gerillten Blütenstielen, an denen im Mittsommer attraktive mauvefarbene, trichterförmige Blüten hängen. Größer als die sehr ähnliche *H. venusta*. Zum guten Gedeihen braucht sie etwas Schatten. Wird sie ihren Ansprüchen gemäß kultiviert, bildet sie für so eine kleine Hosta überraschend schnell größere Büsche. *H. minor* 'Alba' ist ein inkorrekter Name, der oft für *H. sieboldii* 'Alba' verwendet wird.

***H. montana*:** H/B 100x100 cm.

Große ovale, dunkelgrüne Blätter, die im Mittsommer von sehr blaßvioletten, trichterförmigen Blüten an hohen Stielen überragt werden. Da es zahlreiche Formen von *H. montana* gibt, kann diese Beschreibung nur allgemein sein. Einige Formen haben dunklere Blüten. Alle sind wüchsige, große und oft auch hervorragende Blattpflanzen. Sie wurden häufig als Kreuzungspartner für die Anzucht einer Anzahl von Hybriden verwendet. Viele neuere Formen wurden in Japan gesammelt. Einige von ihnen haben schon den Weg in die Gärten von Spezialisten gefunden. Ich glaube nicht, daß dies dieselbe Pflanze wie *H. elata* ist. Von dieser nehme ich an, daß sie möglicherweise eine mit *H. fortunei* verwandte Hybride ist, da sie dieser ähnlich sieht. *H. elata* ist eine sehr dekorative Blattpflanze. Sie wird leider, wie die meisten grünen Hosta, nur selten angepflanzt.

***H. montana* 'Aureo-marginata':** H/B 70x90 cm.*

Riesige, zugespitzte grüne Blätter mit einem breiten gelben Rand. Viel höherer Blütenstengel mit blaßvioletten, trichterförmigen Blüten im Mittsommer als bei anderen Formen. Hervorragend, aber nur sehr langsam zu etablieren. Da sie die am frühesten austreibende Sorte ist, wird sie oft vom Frost geschädigt. Wenn sie sorgfältig plaziert oder aber vor Spätfrösten geschützt in einem großen Kübel gezogen wird, ist sie eine der auffälligsten Blattpflanzen für den Gärtner und Floristen. Ein weißgerandeter Sport von ihr hat den Namen *H.* 'Mountain Snow' bekommen. Da diese Sorte auch noch nahezu weiße Blüten besitzt, kann sie in Zukunft eine Rolle innerhalb des weißen Gartens spielen. Derzeit ist sie aber noch sehr neu und teuer. Man pflanze beide erwähnten Sorten mit *Dicentra spectabilis* 'Alba' und *Primula denticulata* 'Alba' zu einer Spätfrühlingsgruppe zusammen. Der einheitlich goldene Sport hat den Namen *H.* 'Emma Foster', ist sehr langsamwüchsig und besitzt eine schwache Wuchskraft.

***H.* 'Moon Glow':** H/B 40x60 cm.*

Sämling von *H.* 'August Moon' mit goldenen Blättern von guter Substanz, die einen weißen Rand besitzen. Ausgewachsene Blätter wölben und kräuseln sich, während die jungen Blätter glatt sind. Nahezu weiße Blüten im Mittsommer. Wird als eine der wüchsigsten Sorten mit dieser Farbkombination angesehen. Der weiße Rand wird bei Zusammenpflanzung mit Farnen hervorgehoben. Man kann sie auch mit goldenen Hosta-Sorten und *Lysimachia nummularia* 'Aurea' vergesellschaften. Ihr einheitlich goldener Sport hat den Namen *H.* 'Harvest Glow'.

***H.* 'Moonlight':** H/B 50x70 cm.*

Sport von *H.* 'Gold Standard'. Eine der besten goldenen Formen mit weißem Rand. Sie benötigt etwas Sonne zum Ausfärben, verbrennt aber an einem zu heißen Platz. Ist bei gutem Wachstum eine ausdrucksvolle Hosta. Sie sieht gut aus, wenn sie gegen einen dunkelgrünen Hintergrund mit kleinen goldenen Hosta unterpflanzt wird.

***H. nakaiana*:** H/B 25x60 cm.

Ziemlich kleiner Busch mit tiefgrünen Blättern und purpurnen Blüten an geriffelten Stielen im Mittsommer. Sehr blühwillig. Die angegebenen Abmessungen sind nur ein grober Anhaltspunkt für die Größe, da viele Formen existieren. *H. nakaiana* ist Elternteil vieler benannter Hybriden und Sämlinge, wie z.B. *H.* 'Bouquet', *H.* 'Candy Hearts', *H.* 'Happy Hearts', *H.* 'Marquis', *H.* 'Pearl Lake' und *H.* 'Valentine Lace'. Alle diese Sorten sind sehr attraktive Pflanzen mit ausgezeichneten Blüten.

***H.* 'Nicola':** H/B 40x75 cm.

Tardiana-Gruppe. Die einzige mit Namen versehene grünblättrige Hosta in dieser Gruppe. Gute, dunkelgrüne, matte Blätter mit zahlreichen Stielen, an denen fast rosafarbene Blüten im Mitt- bis Spätsommer sitzen. Sie ist sehr wüchsig und besonders wirkungsvoll zusammen mit blaßrosa Astilben und *Acer negundo* 'Flamingo'.

***H. nigrescens*:** H/B 70x90 cm.

Ovale, leicht gewölbte, blau bereifte Blätter sind beim Austrieb graublau und später mehr grün. Ungewöhnlicher, großer, trichterförmiger Busch, wobei die Blätter an sehr langen Blattstielen sitzen. Die Stengel mit blaßlaven-

**Eine großzügige Anpflanzung von *H. fluctuans* 'Variegated'
in Longwood Gardens in den USA.**

**_H._'Francee' in David Foreman's Garten in Großbritannien. Eine der besten Hosta-Sorten für Gärten und Topf.**

del Blüten im Mittsommer erreichen eine Höhe von 150 cm. *H.* 'Krossa Regal' ist aus dieser Art entstanden.

***H.*** **'Northern Halo':** H/B 70 x 90 cm.

Sport von *H. sieboldiana* 'Elegans' aus der Gewebekultur. Bläuliche, gehämmerte, weißgerandete Blätter. Weißliche Blüten im Frühsommer. Ein großer Teil der derzeit im Handel befindlichen Pflanzen von *H.* 'Northern Halo' stammt von einer Form mit gewölbten Blättern und einem dünnen, weißen Rand. Diese Form ist minderwertiger als der Typ, der in den USA eine Auszeichnung erhalten hat. Man kann erwarten, daß die bessere Form zukünftig in Spezialgärtnereien zu finden ist. *H.* 'Northern Lights' stammt ebenfalls aus der Gewebekultur und besitzt eine cremeweiße Mitte zum bereiften, blaugrünen Blattrand. Sie ist sehr langsamwüchsig und hat die Tendenz, in die Stammform zurückzuschlagen.

***H.*** **'On Stage':** H/B 35 x 60 cm.

Diese Form von *H. montana* stammt aus dem Gebiet um Mount Fuji. Das cremeweiße Blatt ist von einem zweitonigen Grün mit einigen Streifen eingefaßt, die vom Rand bis in die Mitte reichen. Blüht im Spätsommer mit dichten Blütenständen von lavendelfarbenen Blüten. Treibt später als *H. montana* 'Aureo-marginata' aus und ist für einen Typ mit Mittelpanaschierung offensichtlich ziemlich wüchsig.

***H.*** **'Osprey':** H/B 23 x 50 cm.

Tardiana-Gruppe TF 2 x 14. Bläuliche, gewölbte Blätter von dicker Substanz. Gute weiße Blüten im Mittsommer. Dies ist die einzige weißblühende Hosta in der Tardiana-Gruppe. Alle anderen haben einen Farbton in den Blütenblättern. Brauchbar für den weißen Garten und sehr attraktiv in der Blüte.

***H.*** **'Pastures New':** H/B 30 x 75 cm.

Eine Kreuzung mit *H. nakaiana*. Glänzende, graugrüne, herzförmige Blätter bilden einen sehr dichten, schnellwachsenden Busch. Zahlreiche blaßlavendel Blüten stehen hoch über den Blättern. Anscheinend gibt es zwei Formen in der Kultur, die eine ist viel grüner als die andere und möglicherweise auch die bessere Pflanze. Vielleicht sollte man diese *H.* 'Green Pastures' benennen, um sie von der ersten *H.* 'Pastures New' abzugrenzen. Sie blüht etwas später mit kürzeren Stielen. Eine großartige Pflanze für Topfkultur.

***H.*** **'Pearl Lake':** H/B 38 x 90 cm.

Dichter Busch von herzförmigen, graugrünen Blättern. Zahlreiche lavendelfarbene Blüten an 80 cm hohen, purpur angehauchten Stielen vom Frühsommer an. Dies ist eine reizende Hosta-Sorte, entweder im Garten oder im Topf gepflanzt. Wüchsig. Sehr brauchbar als Randeinfassung für Farbrabatten in Rosa, Blau und Weiß.

***H.*** **'Piedmont Gold':** H/B 50 x 90 cm.

Große goldene Blätter mit faltigem Rand. Ausgewachsene Pflanzen haben eine attraktive Wuchsform. Blaßlavendel bzw. nahezu weiße Blüten an Stielen gerade über dem Laub im Früh- bis Mittsommer. Sie braucht einen halbschattigen Platz, da sie bei zu starker Sonneneinstrahlung papierähnliche Blätter bekommt. Färbt im gedämpften Licht gut aus. Bei guter Kultur ist sie eine der besten größeren Hosta-Sorten in Gold. Ein in jüngster Zeit entstandener Sport mit einem weißen Rand zu den goldenen Blättern ist *H.* 'Evening Magic', die wahrscheinlich nicht so groß wird.

***H.*** **'Pizzazz':** H/B 50 x 75 cm.

Sehr feste, strukturierte, herzförmige blaugrüne Blätter mit einem unregelmäßigen cremegelben Rand. Es erscheinen viele Blütenrispen von blaßlavendelfarbenen Blüten im Mitt- oder Spätsommer. Am besten im Schatten oder gedämpften Licht. Man sollte nach ihr Ausschau halten, da sie außergewöhnlich zu sein scheint. Braucht einen sorgsam ausgewählten Standort, möglicherweise mit blauen und goldgelben Pflanzen. Gut zusammen mit *Carex* 'Frosted Curls'.

***H. plantaginea*****:** H/B 60 x 100 cm.

Hellgrüne, ovale, glänzende Blätter mit Blütenschäften von stark duftenden röhrenförmigen und in eine Trompetenspitze auslaufende weiße Blüten von 10 bis 15 cm

Länge im Herbst. Sie braucht unbedingt eine sonnige, feuchte Stelle, um zur Blüte zu kommen. Kann in einem Kübel an einer ziemlich sonnigen Stelle gezogen werden. Diese Art hat eine Anzahl von Formen und Sports hervorgebracht, von denen die neuesten bis jetzt noch nicht häufig angeboten werden: *H.* 'Aphrodite' hat gefüllte Blüten, während *H.* 'Chelsea Ore' ein hauptsächlich goldenes Blatt mit einem grünen Randstreifen besitzt und in kühleren Klimabereichen im Kübel gehalten werden muß. *H.* 'White Shoulders' hat ein grünes Blatt mit einem schmalen weißen Rand, und *H.* 'Venus' schließlich besitzt dichter gefüllte Blüten als *H.* 'Aphrodite'.

***H. pycnophylla*:** H/B 30x70 cm.

Eine in den Gärten selten angepflanzte Art. Als Kreuzungspartner jedoch gut geeignet. Helle, graugrüne, gewellte Blätter mit einer deutlich ausgeprägten weißen Rückseite. Ein überhängender, leicht mit purpurnen Punkten betupfter Blütenstiel mit trompetenförmigen, mauvefarbenen Blüten. Nur langsam einzugewöhnen und am besten in etwas schattiger Lage zu pflanzen. Hübsch.

***H.* 'Regal Splendor':** H/B 75x100 cm.*

Sport von *H.* 'Krossa Regal' aus der Gewebekultur. Sie wächst in den ersten Jahren langsam, wird aber schließlich zu einer ausgezeichneten großen Pflanze mit vasenförmigem Aufbau für Einzelstellung. Die Blätter sind graublau mit einem guten cremeweißen Rand. Helllavendel Blüten an hohen Stielen. Eine sehr außergewöhnliche neuere Sorte. Man pflanze sie zusammen mit niedriger wachsenden blauen Hosta und mit *Dicentra* 'Pearl Drops'.

***H.* 'Reversed':** H/B 35x65 cm.*

Blaugrünes Blatt mit einer großen cremefarbenen Mitte. Dazu attraktive Blüten. Diese Sorte benötigt einen Platz im Schatten und Zeit, um zu einem starken Busch heranzuwachsen. Eignet sich gut als Pflanze in einem Gefäß und ist für regelmäßige Düngung und Pflege dankbar. Ausgezeichnete Sorte für den Floristen. Sie ist eine sehr hübsche Hosta, wenn sie in guter Kultur gehalten und am besten von unten gewässert wird. Man stelle sie mit Farnen zusammen.

***H. rohdeifolia*:** H/B 30x45 cm.

(Ist *H. rohdeifolia* 'Aureo-marginata' und wurde früher *H. helonioides* 'Albo-picta' genannt.) Lanzenförmiges, grünes Blatt, eingefaßt mit einem gelben Rand, der zu Weiß verblaßt. Purpurne Blüten im Mittsommer hoch über dem Laubbusch. *H. helonioides* 'Albo-picta' ist ähnlich, aber der Rand ist beim Entfalten weiß und nicht gelb.

***H.* 'Royal Standard':** H/B 60x120 cm.

Eine Hybride mit Blut von *H. plantaginea*. Die ziemlich großen, leuchtend grünen Blätter werden durch die duftenden, trompetenförmigen Blüten ausgeglichen, die im Spätsommer an 90 cm hohen Stielen erscheinen. Soweit der Boden feucht ist, gedeiht sie bis auf heiße Plätze gut im Garten. Ausgezeichnet für den weißen Garten und als Bodendecker, da sie schnell wächst. Einige gefüllt blühende Formen sind aufgefunden worden. Diese dürften in Kürze mit einem Namen versehen werden.

***H.* 'Royalty':** H/B 25x35 cm.

Die kleinen goldenen Blätter werden im Spätsommer von dunkelpurpurnen Blüten gekrönt. Auffallend und ziemlich wüchsig.

***H. rupifraga*:** H/B 20x60 cm.

Die ungewöhnlichen, mittelgroßen, herzförmigen Blätter haben eine blaßgrüne, glänzende Färbung. Sie sind sehr dick und lederig und haben einige Wellen am Rand. Attraktive blaß purpurne, glockenförmige Blüten vom Frühherbst an. Formen aus der Natur sind leicht variabel. Eine ausgezeichnete Hosta. Echte Formen dieser Art sind nur selten erhältlich.

***H.* 'Saishu Jima':** H/B 8x38 cm.
Form von *H. sieboldii*. Kleine, grüne, sehr schmale Blätter mit gekrausten Blatträndern. Blaßpurpurne Blüten im Spätsommer an 25 cm hohen Stielen. Für Alpinenbeete und als niedrige Einfassung geeignet. Eine sehr ähnliche, etwas größere Sorte ist *H.* 'Hakujima'.

*H.* 'Iona' im Garten von Jackie Rowan in Ampfield, Hampshire in Großbritannien.
Sie sieht über die ganze Saison gut aus.

*H.* 'Royal Standard' ist eine zuverlässige Sorte mit weißen, duftenden Blüten.

***H.* 'Sea Dream':** H/B 60 x 70 cm.

Die Blätter sind leuchtend goldgelb mit einem weißen Rand. Lavendelfarbene Blüten an hohen Stielen im Mittsommer. Diese Sorte benötigt etwas Schatten. Sie sieht wie alle weißrandigen goldenen Hosta am besten aus, wenn sie zusammen mit anderen goldgelben, weißen und grünen Pflanzen gepflanzt wird.

***H.* 'Sea Drift':** H/B 60 x 90 cm.*

Gut strukturierte, eng gekräuselte, grüne Blätter, die die Floristen ansprechen. Bis 90 cm hohe Stiele mit lavendelrosa Blüten im Mittsommer. Sie wächst nur langsam, ist aber für Kultur in einem Gefäß ungeeignet.

***H.* 'Sea Gold Star':** H/B 50 x 75 cm.*

Gekräuselte, sehr dicke, leuchtend goldene Blätter mit weißlichen Blüten im Mittsommer an 90 cm hohen Stielen. Sie braucht lange, bis sie richtig eingewachsen ist. Sie zeigt erst nach vier oder fünf Jahren, was in ihr steckt. Benötigt einige Sonne zur Blattausfärbung, aber keine Mittagssonne. Im ausgewachsenen Zustand hat sie hervorragende Blätter.

***H.* 'Sea Lotus Leaf':** H/B 45 x 60 cm.*

Glänzende, runde, dunkelblaugrüne Blätter, die so gewölbt sind, daß sich das Wasser auf jedem Blatt sammelt. Ziemlich blasse lavendelfarbene bis fast weiße, glockige Blüten im Mittsommer gerade über dem Blattschopf. Langsamwüchsig, aber eine außergewöhnliche Blattpflanze. Benötigt einen Platz ohne Tropfenfall von den Bäumen.

***H.* 'Sea Monster':** H/B 65 x 100 cm.

Gehämmerte, grüne Blätter von guter Substanz, die einen großen Busch bilden. Weißliche Blüten im Frühsommer.

***H.* 'Sea Octopus':** H/B 23 x 55 cm.

Schmale, grüne Blätter mit gewellten Rändern. An 80 cm hohen Stielen sitzen im Frühherbst purpurne Blüten. Wüchsige, kleinere Sorte mit Verwendung für Einfassungen und als Unterpflanzung für buntblättrige Sorten mit ähnlicher Blattform wie *H. sieboldii*.

***H.* 'Shade Fanfare':** H/B 45 x 60 cm.*

Zu Beginn der Saison besitzt das grüne Blatt einen breiten, cremefarbenen Rand. Je weiter aber die Wuchsperiode voranschreitet, desto mehr Gelbtöne entwickeln sich, wenn die Pflanze etwas sonniger steht, jedoch nicht, wenn sie im Schatten gezogen wird. 60 cm hohe Stiele tragen lavendelfarbene Blüten im Mittsommer. Wüchsige, leicht zu pflegende Sorte, die bei Gartenliebhabern und Floristen bereits sehr geschätzt wird. Man pflanze sie an einem vor der heißen Mittagssonne geschützten Platz zusammen mit *Miscanthus sinensis* 'Zebrinus' für einen interessanten Kontrast von Pflanzengestalt, Form und Panaschierung. Sieht gut mit *Digitalis ambigua*, korsischer Christrose (*Helleborus argutifolius*) und Hundszahn (*Erythronium*) in einer grünen und cremefarbenen Pflanzenzusammenstellung in einer Schattenlage aus.

***H.* 'Shining Tot':** H/B 5 x 20 cm.

Winzige, glänzend tiefgrüne Blätter von guter Substanz. Eine der kleinsten Sorten. Hellblaue, trompetenförmige Blüten an 13 Zentimeter hohen, überhängenden Stielen. Am besten im Halbschatten angesiedelt, obwohl sie bis auf die heißesten Plätze auch Sonne toleriert. Eine entzückende kleine Pflanze mit gutem Zuwachs, die aber auf einem erhöhten Beet stehen sollte, damit man sie aus der Nähe betrachten kann.

***H. sieboldiana* 'Elegans':** H/B 90 x 125 cm.*

Von den vielen Formen von *H. sieboldiana* ist sie die am besten bekannte. Sehr große, herzförmige, gewölbte und gehämmerte, schädlingsresistente, bläuliche Blätter. Trompetenförmige, lavendel-weiße Blüten im Frühsommer gerade über dem Blattbusch. Am besten im Halbschatten zu halten, da dort die Bereifung auf dem Blatt länger anhält. Sie ist aber an einem feuchten Platz, sogar mit etwas Sonne, bemerkenswert wirkungsvoll. Sie ist eine der am meisten verbreiteten Sorten und an vielen Stellen im Garten sehr vielseitig verwendbar. Eine etwas kleinere Sorte mit ähnlich gefärbten Blüten ist *H.* 'Helen

Doriot'. Eine weitere Sorte mit fast weißen Blüten hat den Namen *H.* 'Blue Seer'. Diese ist eine eindrucksvolle Pflanze für einen schattigen Platz und auch für den weißen Garten geeignet. Allerdings wächst sie nur langsam. Von *H. sieboldiana* gibt es zahlreiche benamte Selektionen, die alle gute Gartenpflanzen sind.

***H. sieboldii*:** H/B 30x60 cm.

Wird oft als *H. albomarginata* bezeichnet, was aber nicht korrekt ist. Lanzettliche, mattgrüne Blätter sind mit einem unregelmäßigen weißen Rand versehen. Trompetenförmige, violette Blüten mit gelben Staubgefäßen blühen im Spätsommer. Bildet schnell dichte Büsche und ist für Einfassungen im Halbschatten sehr geeignet. Es gibt viele Formen und benamte Sämlinge, die wegen der Verbesserung von Blättern und Blüten selektiert wurden, aber im allgemeinen nicht so wüchsig wie die Stammform sind. Die am besten bekannten sind *H.* 'Louisa' und *H.* 'Emerald Isle', beide mit weißen Blüten und weißgerandeten grünen Blättern.

***H. sieboldii* 'Alba':** H/B 13x30 cm.

Oft irrtümlich als *H. minor* 'Alba' bezeichnet. Kleine, grüne, lanzettliche Blätter mit weißen Blüten an ziemlich hohen Stengeln vom Mittsommer bis zum Frühherbst. Nicht sehr stark wachsend. *H.* 'Bianca'. *H.* 'Snowflakes' und *H.* 'Weihenstephan' sind benamte Auslesen mit größeren, weißen Blüten und einem stärkeren Wuchs.

***H. sieboldii* 'Kabitan':** H/B 25x45 cm.

Kleine, lanzettliche, leicht gewellte, gelbe Blätter von dünner Beschaffenheit mit einem grünen Rand. Trompetenförmige, tief purpurne Blüten im Mittsommer an ziemlich hohen Stielen. Sehr dekorativ, wenn sie in guter Kultur steht. Sie muß aber etwas Schatten haben, da sie sonst in der Sonne verbrennt. Scheint in den USA eine viel wüchsigere Pflanze zu sein als in Großbritannien. Zum Einwachsen zieht man sie am besten in einem Topf.

***H. sieboldii* 'Shiro-Kabitan':** H/B 20x38 cm.

Irrtümlich auch als *H.* 'Haku Chu Han' bekannt. Kleine, lanzettliche, weiße Blätter mit einem breiten grünen Rand. Purpurfarbene Blüten im Mittsommer hoch über dem Blattbusch. Sehr langsam wachsend und am besten in einem Topf im Halbschatten zu halten, bis sie richtig eingewachsen ist. Es ist eine entzückende kleine Sorte, wenn sie an der richtigen Stelle wachsen kann. *H.* 'Squiggles' hat ein ähnliches Erscheinungsbild, besitzt aber eine größere weiße Mitte zum grünen Blatt und wunderschöne weiße Blüten an 30 cm hohen, blaß cremefarbenen Stielen. Wahrscheinlich am besten im Topf im Halbschatten zu ziehen.

***H.* 'Silver Lance':** H/B 30x50 cm.

Schmale, sehr lange, dunkelgrüne Blätter mit einem schmalen, weißen Rand. Bildet einen leicht überhängenden Busch. Dichtgedrängte Blütenstände mit tief lavendelblauen Blüten blühen an 60 cm hohen Stielen vom Spätsommer bis zum Herbst. Elegante, kleinere Hosta-Sorte, die eine sorgfältige Plazierung im Garten erfordert, damit sie richtig wahrgenommen werden kann.

***H.* 'Snow Cap':** H/B 40x60 cm.*

Blaue Blätter von guter Substanz haben einen breiten cremefarbenen Rand. Weißliche Blüten. Sie muß zum guten Ausfärben im Schatten gezogen werden. Sie ergibt, mit blaulaubigen Dicentras sowie kleineren, blauen Hosta zusammengepflanzt, einen entzückenden Blickpunkt. Sie spricht auch Floristen an.

***H.* 'Snowden':** H/B 90x100 cm.*

Von Eric Smith aus *H. sieboldiana* und *H. fortunei* 'Aurea' gezogen. Blaubereifte, große, graublaue Blätter ändern ihre Farbe allmählich zu Graugrün. An der richtigen Stelle bildet diese Sorte einen großen Busch. Viele Blütenstiele mit glockigen, weißen Blüten im Mittsommer. Sie ist nur langsam in Gang zu bringen, ist aber eine besondere Pflanze für den Garten und den Floristen, wenn sie gute Kulturbedingungen, lichten Schatten und ausreichend Feuchtigkeit vorfindet. Meiner Erfahrung nach eignet sie sich hervorragend als Topfpflanze und ist ideal für den weißen Garten, wenn sie mit winterhartem weißblühendem Storchschnabel *(Geranium)* oder *Pulmonaria* 'Sissinghurst White' unterpflanzt wird.

*H.*'Zounds' ist eine ausgezeichnete goldene Sorte, hier zusammen mit *Molinia caerulea*, *Cornus alba* 'Aurea' und mit *H.*'Frances Williams' im Hintergrund gepflanzt.

***H.*'Sea Drift' ist eine Sorte mit einem gewellten Rand ähnlich der Kruste einer Pastete. Aufgenommen in Longwood Gardens in den USA.**

**H. 'So Sweet'**: H/B 35x55 cm.*

Glänzende, grüne Blätter mit einem variablen cremeweißen Rand, der anfangs cremegelb ist. Duftende, weiße Blüten an 60 cm hohen Stielen im Spätsommer, wobei die Knospen an der Spitze leicht lavendel gefärbt sind. Es ist eine entzückende Sorte, besonders im weißen Garten und für Blumenarrangements. Eine sehr eigene und hübsche neue Sorte. Man pflanze sie mit *Aruncus aethusifolius*, kleinen Farnen und weißen Veilchen im Schatten oder im gedämpften Licht.

**H. 'Spritzer'**: H/B 45x35 cm.*

Lanzettliche Blätter sind zweitonig grün mit einer gelben bis cremefarbenen Mitte. Die Blätter wachsen aufrecht, und hängen dann wie bei *H.* 'Green Fountain' über, die ein Elternteil von ihr ist. Bläulichpurpurne Blüten mit weißer Schattierung auf 75 cm hohen Stielen von Mittsommer an. Im gedämpften Licht sehr elegant als Kontrast zu *Cornus alba* 'Aurea' und *Hakonechloa macra* 'Alboaurea', unterpflanzt mit *Lysimachia nummularia* 'Aurea'. Relativ schädlingsresistent und mehr Sonne vertragend als die meisten Hosta-Sorten. Am besten aber im gedämpften Licht.

**H. 'Stiletto'**: H/B 15x20 cm.

Die sehr schmalen, lanzettlichen, gewellten Blätter sind grün mit einem schmalen weißen Rand. 30 cm hohe Stiele tragen lavendelfarbene Blüten im Spätsommer. Interessante Sorte, aber bis jetzt wenig bekannt.

**H. 'Sugar and Cream'**: H/B 60x100 cm.*

Ein Sport von *H.* 'Honeybells' aus der Gewebekultur. Eine viel bessere Pflanze mit einem cremefarbenen Rand zum frischgrünen Blatt. Blaß lilaweiße, duftende Blüten im Sommer. Diese Sorte hat Wuchskraft, einen guten Aufbau und läßt sich sehr einfach mit anderen Blattpflanzen kombinieren. Man kann sie auch als elegante Pflanze in einem Gefäß verwenden. Sie braucht aber einen großen Topf oder Kübel.

**H. 'Sum and Substance'**: H/B 75x120 cm.

Riesige, grünlichgoldene, feste, glänzende Blätter von dikker Substanz. Sehr eindrucksvoll und nahezu schneckenfest. Lavendelfarbene Blüten an hohen Stielen im Spätsommer. Diese Sorte sieht gut aus, wenn sie mit kleinen goldenen Hosta-Sorten unterpflanzt oder als architektonischer Blickfang zwischen niedriger wachsenden Blattpflanzen verwendet wird. Braucht ein wenig Sonne zum Ausfärben und kann nahezu vollen Sonnenschein aushalten, solange sie nicht zu trocken steht. Eine der schönsten und mit den größten Blättern ausgestatteten Hosta-Sorten.

**H. 'Summer Fragrance'**: H/B 60x90 cm.

Sämling von *H. plantaginea* (gekreuzt mit einer unbekannten Hosta). Cremeweißer Rand zu einem etwas gekräuselten grünen Blatt. Hohe Blütenschäfte mit großen, wunderschönen, duftenden, bläulichen Blüten im Spätsommer. Am besten im Schatten oder im gedämpften Licht. Gutes Wachstum. Man stelle sie im Garten an eine Stelle, wo der Duft wahrgenommen werden kann.

**H. 'Sun Power'**: H/B 60x90 cm.

Große, leicht gedrehte, goldene, gekräuselte Blätter mit aufrechter Wuchsform. Blaßlavendel Blüten im Mittsommer an 90 cm hohen Stielen. Sie benötigt gedämpftes Licht zum Ausfärben und geraume Zeit, bis sie zu einem eindrucksvollen Exemplar herangewachsen ist.

**H. 'Tall Boy'**: H/B 50x90 cm.

Hybride von *H. rectifolia*. Die Blätter sind grün und stehen relativ dicht am Boden. Keine besonders gute Blattpflanze. Sie entfaltet aber für viele Wochen eine Blütenschau mit tiefpurpurblauen Blüten an sehr hohen Stielen. Sie fällt auf, wenn man sie als Bodendecker für große Flächen verwendet.

***H. tardiflora*:** H/B 25 x 60 cm.*

Lanzenförmige, dunkelgrüne, glänzende Blätter von fester Substanz. Lavendelpurpurne, trompetenförmige Blüten an rötlichen Stielen gerade über den Blättern. Blütezeit ist der Herbst. Ausgezeichnet für den Vordergrund eines Beetes geeignet und sehr unterbewertet.

***H.* 'Tiny Tears':** H/B 8 x 15 cm.

Sämling von *H. venusta*. Winzige grüne Blättchen bilden einen sehr kleinen Busch für den Steingarten in halbschattiger Lage. Purpurne Blüten im Mittsommer. *H.* 'Thumb Nail' ist ähnlich, aber noch winziger, mit hellen, bläulichen, trompetenförmigen Blüten an einem 25 cm hohen Stengel.

***H. tokudama*:** H/B 35 x 90 cm.*

Gewölbte und gehämmerte blaue Blätter von dicker Substanz. Trompetenförmige, weißliche Blüten im Mittsommer gerade über den Blättern. Eine sehr langsam wachsende, aber besondere Hosta-Pflanze, die Schatten bevorzugt (aber nicht unter Bäumen) und sich im weißen Garten verwenden läßt.

***H. tokudama* 'Aureo-nebulosa':** H/B 30 x 55 cm.*

Die Blätter haben eine unregelmäßige, wolkig gelbe Mitte mit einem bläulichen Rand. Die Blattfärbung ist unterschiedlich. Einige Formen sind bei weitem besser als andere. An 60 cm hohen Stielen sitzen dichte Trauben von weißlichen Blüten vom Früh- bis Mittsommer. Es ist eine ins Auge fallende Sorte, die bei den Floristen sehr beliebt ist, obwohl sie nur langsam Zuwachs macht. *H.* 'Goldbrook Gift' ist ein Sport mit einem bläulichen Blatt und einem goldgelben Rand, der schmaler als bei *H. tokudama* 'Flavo-circinalis' ist. *H.* 'Winning Edge' ist das Resultat einer Selbstbestäubung von *H. tokudama* 'Aureo-nebulosa' mit einem breiten, cremefarbenen Rand und einer grünblauen Mitte.

***H. tokudama* 'Flavo-circinalis':** H/B 45 x 75 cm.*

Herzförmige, blaue Blätter mit einem breiten, cremefarbenen Rand. Das Blatt läuft spitzer zu als bei *H. tokudama*. Sie sieht wie eine kleine Variante von *H.* 'Frances Williams' aus, hat aber eine blaßlavendelfarbene Blüte mit dunkleren Streifen. Sie blüht etwas später als die Art und die Blätter sind bei der Altersform nicht so gewölbt. Hervorragend, aber langsamwüchsig.

***H. undulata* 'Albo-marginata':** H/B 55 x 90 cm.*

Allgemein (in Europa) als *H.* 'Thomas Hogg' bekannt. Wellige, weißgerandete grüne Blätter mit ziemlich charakteristischen, flachen Blattstielen. Wird oft mit *H. crispula* verwechselt, die stärker gewellte Blätter und Blattstiele besitzt, welche schmal und gerillt sind. Blaßpurpurne Blüten sitzen im Frühsommer an 90 cm hohen Stengeln. Schnell wachsend und an nahezu jeder Stelle im Garten zu ziehen. Macht sich ausgezeichnet unter Bäumen und als Pflanze im Topf. Man pflanze sie zusammen mit Salomonssiegel, *Geranium phaeum* 'Album' und Lungenkraut.

***H. undulata* 'Erromena':** H/B 50 x 75 cm.

Mittelgrüne, wellige, in eine Spitze auslaufende Blätter mit attraktiven, blaß mauvefarbenen Blüten an 90 cm hohen Stielen im Frühsommer. Vermehrt sich gut und ist auch als Bodendecker geeignet.

***H. undulata* 'Univittata':** H/B 38 x 70 cm.

Besitzt ein gewelltes, ovales, grünes Blatt mit einem cremefarbenen Mittelstreifen. Violette Blüten im Frühsommer. Ausreichend wüchsig und im Sommer sehr auffällig. Verläßlich auch unter Bäumen. Da ihr Blattwerk so verschieden ist, benötigt sie eine sorgfältige Plazierung im Garten. Sonst kann sie übertrieben und fehl am Platz wirken. Gut mit anderen grünen Hosta-Sorten und mit *Polystichum setiferum*, dem weichen Schildfarn. *H. undulata* 'Univittata' hat eine sehr breite, cremefarbene Mitte und ist aus Mangel an Chlorophyll ziemlich schwachwüchsig. Es gibt viele benamte Formen. Solche mit einer sehr schmalen Panaschierung in der Mitte schlagen oft in die grüne Form zurück, da sie instabil sind.

***H.* 'Vanilla Cream':** H/B 13 x 25 cm.

Kleine, zitronengrüne Blätter von dicker Beschaffenheit,

mit leicht rötlich angehauchten 30 cm hohen Stielen, an denen im Mittsommer lavendelfarbene Blüten hängen. Wächst langsam und läßt sich für Alpinenbeete im lichten Schatten verwenden.

***H. ventricosa*:** H/B 50 x 90 cm.*

Herzförmige, leicht gewellte, glänzend grüne Blätter. Gute dunkelpurpurne, glockige Blüten im Spätsommer an 90 cm hohen Stielen. Ausgezeichneter grüner Blattbusch, der unter buntblättrigen Gehölzen wie *Elaeagnus ebbingei* ’Limelight‘ sehr wirkungsvoll aussieht.

***H. ventricosa* ’Variegata‘:** H/B 50 x 90 cm.*

Ist in den USA als *H. ventricosa* ’Aureo-marginata‘ registriert. Die dunkelgrünen Blätter haben einen auffallenden cremegelben Rand, der im Laufe der Saison weißer wird. Büschel von ausgezeichneten tief purpurnen Blüten im Spätsommer. Obwohl sie anfangs nur langsam wächst, ist sie voll ausgewachsen eine der am meisten ins Auge fallenden buntlaubigen Hosta-Sorten.

***H. venusta*:** H/B 8 x 25 cm.

Kleine, herzförmige, dunkelgrüne Blätter. Zahlreiche trichterförmige, lavendelviolette Blüten an 25 cm hohen, gerillten Stielen im Mittsommer. Entzückende, wüchsige, kleine Hosta-Art, die sehr leicht im Halbschatten wächst. Aus ihr sind viele benamte Sämlinge entstanden, wie *H.* ’Tiny Tears‘, *H.* ’Thumb Nail‘ mit lila Blüten und *H.* ’Po Po‘ (chinesisch: Großvater) mit einem mehr rundlichen Blatt. Sämlinge und Kreuzungen von *H. venusta* wurden zur Namensgebung selektiert.

***H. venusta* ’Variegated‘:** H/B 8 x 15 cm.

Möglicherweise eine Hybride, da die Stiele kaum Rillen besitzen. Die winzigen Blätter haben zwei Grüntöne mit cremefarbener Blattmitte. Im Mittsommer erscheinen lavendelfarbene Blüten hoch über den Blättern an sehr bleichen, oftmals mit einem grünen Streifen versehenen Blütenschäften. Man hält sie am besten bis zum Einwachsen in einem Topf, obgleich sie für eine so kleine Pflanze ziemlich wüchsig ist. Reizend mit dem grünen Filigranwerk winziger Farne und mit *Aruncus aethusifolius*.

***H.* ’Vera Verde‘:** H/B 15 x 38 cm.

Lief vorher unter dem Namen *H. gracillima* ’Variegated‘. Kleine lanzettliche, mattgrüne Blätter, eingefaßt mit einem weißen Rand. Lavendelfarbene Blüten im Mittsommer. Brauchbare Einfassung für Rabatten und schattige Steingärten. Überall, bis auf Plätze in der vollen Sonne, verwendbar.

***H.* ’Wide Brim‘:** H/B 45 x 90 cm.*

Blaugrüne Blätter mit einem sehr breiten cremegoldenen Band, das zu cremeweiß verblaßt, wenn die Saison weiter voranschreitet. Der helle Rand wird mit zunehmendem Alter der Pflanze breiter, bis er mehr als die Hälfte des Blattes einnimmt. Attraktive, lavendelfarbene Blüten im Mittsommer. Am besten im Schatten oder im gedämpften Licht. Ausgezeichnete Sorte, gut auch für Floristen geeignet.

***H.* ’Yellow River‘:** H/B 45 x 60 cm.

Besitzt ein zugespitztes, herzförmiges, etwas welliges, dunkelgrünes Blatt mit einem ausgeprägten gelben Randstreifen. Lavendelfarbene Blüten im Mittsommer. Sieht gut mit *Alchemilla mollis* und *Asarum europaeum* aus.

***H.* ’Zounds‘:** H/B 55 x 70 cm.*

Form von *H. sieboldiana*. Die großen, gerunzelten, goldenen Blätter sind gehämmert und entwickeln mit dem Alter einen metallischen Schimmer. Eine feine Pflanze für Einzelstellung im lichten Schatten. Blaßlavendel Blüten an 75 cm hohen Stielen im Frühsommer. Langsamwüchsig.

# Index

Seitenzahlen in kursiver Schrift weisen auf eine Illustration hin, Seitenzahlen in dicker Schrift zeigen einen Hauptbeitrag für die jeweilige Hosta in der A bis Z-Sektion an.

## DANKSAGUNG

Der Verlag möchte den folgenden Personen für die Erlaubnis der Wiedergabe der Farbfotos danken: Simeon BOND (Seite 7, 10, 30, 46, 51, 59, 62, 66, 67 & 79), John NEWBOLD (Seite 2, 27 & 86), Ali POLLOCK (Seite 14), John FIELDING (Seite 19, 22, 34, 39, 54, 71, 75, 83 & 87), Roger PHILLIPS (Seite 42, 74 & 90), Dr. Ullrich FISCHER (Umschlagfoto, Seite 70, 82, 91) und NEOPLANTS (Seite 78).
Zeichnungen von Carole ROBSON, Pflanzpläne von TAURUS GRAPHICS